KNAUR

Von Hubert Filser ist bereits folgender Titel erschienen:
AHA! Hubert Filsers großes Buch der Alltagsfragen

Über den Autor:
Hubert Filser wurde 1966 in Ingolstadt geboren. Er ist Wissenschafts-journalist, unter anderem Reporter für die *Süddeutsche Zeitung* und *P.M.*, zudem Autor von *Quarks & Co* beim WDR (moderiert von Ranga Yogeshwar). Er ist Autor mehrerer Bücher, zuletzt erschien eine kurze Geschichte der Menschheit unter dem Titel »Das erste Mal«. Der studierte Physiker und Absolvent der Deutschen Journalistenschule in München ist für seine Arbeiten mehrfach ausgezeichnet worden.

Hubert Filser

WARUM
KÜSSEN WIR UNS?

Und andere Rätsel
des Frühlings

Besuchen Sie uns im Internet:
www.knaur.de

Vollständige Taschenbuchausgabe Februar 2017
Knaur Taschenbuch
© 2015 Droemer Verlag
Ein Imprint der Verlagsgruppe
Droemer Knaur GmbH & Co. KG, München
Alle Rechte vorbehalten. Das Werk darf – auch teilweise –
nur mit Genehmigung des Verlags wiedergegeben werden.
Mitarbeit: Katharina Roth
Lektorat: Nadine Lipp
Covergestaltung: HildenDesign, München
Coverabbildung: HildenDesign, Veronika Wunderer
Layout und Satz: Sandra Hacke;
nach der Originalgestaltung von HildenDesign
Druck und Bindung: CPI books GmbH, Leck
ISBN 978-3-426-78846-2

2 4 5 3 1

Für Theresia und Max

INHALT

PROLOG

Als Physiker könnte ich es mir leichtmachen mit dem Frühling. Ich würde Ihnen einfach etwas von der Bahn der Erde um die Sonne und der ersten Tag-und-Nacht-Gleiche im Jahr erzählen und dass sich die Sonne in diesem Moment exakt am Frühlingspunkt der Erdbahn befinde. Ich könnte dann anfügen, dass dieser Zeitpunkt von Jahr zu Jahr variiert, dass der Frühling früher meist erst am 21. März begann und im Jahr 2048 erstmals in der Geschichte schon am 19. März anfangen wird. Das wäre durchaus interessant, und Sie hätten schon ein bisschen was gelernt.

Aber wäre es nicht spannender, wenn ich Ihnen sagen würde, wo Sie den Frühling direkt spüren und beobachten können? Ich würde Ihnen zum Beispiel – wenn Sie mal ein wenig Zeit hätten – einen Aufenthalt im Bergland empfehlen. Dort nämlich könnten Sie wie im Zeitraffer innerhalb von Wochen beobachten, wie der Frühling langsam die Berghänge hinauf wandert, zuerst an den südlichen Hängen, dann an den sonnenabgewandten Nordhängen. Dann würden Sie den Frühling richtig spüren. Sie könnten beobachten, wie die Sonne zum ersten Mal wärmend durch die Wolken bricht, wie sich die Schneeglöckchen durch das tauende Eis graben und die Erde zu duften beginnt.

Wie Sie schon merken, geht es mir um beides, um das Wissen und das Fühlen. Ich bin der Meinung, dass Dinge und Erkenntnisse nur dann wirklich interessant sind, wenn sie berühren. Nur dann merken wir uns Neues.

Das Rezept dafür ist einfach: Wir müssen nur neugierig sein und achtsam durch die Welt (und durchs Jahr) gehen, dann begegnen uns an jedem Tag faszinierende Kleinigkeiten. Jede Jahreszeit hat dabei ihre eigenen Geheimnisse, die sich in scheinbar nebensächlichen Kleinigkeiten verbergen. Der Lauf eines Jahres steckt voller erstaunlicher Rätsel. Man muss im Alltag nur die Augen aufmachen.

Haben Sie sich schon einmal gefragt, warum wir gerade im Frühling das starke Bedürfnis haben zu fasten, was hinter Frühlingsgefühlen steckt, warum wir uns küssen oder andere so gern in den April schicken? Auf viele Fragen des Alltags gibt es oft verblüffende wissenschaftliche Antworten. Manches bleibt aber auch trotz jahrzehntelanger Forschungen rätselhaft.

Die schönsten und skurrilsten Erkenntnisse zu den Alltagsrätseln des Frühlings habe ich hier für Sie versammelt, zusammen mit ein paar aufregenden Geschichten und ungewöhnlichen Fakten. Viel Spaß beim Staunen!

Ihr
Hubert Filser

AUF ZUM FRÜHJAHRSPUTZ!

Das Jahr beginnt. Immer wieder von neuem, unser ganzes Leben lang. Und – machen wir etwas aus dem Neuanfang, den uns die Natur da Jahr für Jahr schenkt?

»Ja, klar!«, rufen die einen. Sie lassen sich an Silvester voraussagen, dass es ein spannendes Jahr wird, mit Herausforderungen im beruflichen und im privaten Bereich. »Schau, das sieht doch ein bisschen wie ein Schiff aus!«, rufen sie beim Bleigießen. »Ein Aufbruch zu neuen Ufern!« Jedes noch so unförmige Bleiklümpchen bestätigt sie in ihren großen Plänen. Den Keller aufräumen! Endlich zehn Kilo abnehmen! Regelmäßig Sport treiben! An drei Tagen die Woche keinen Alkohol trinken! Und sie fangen gleich damit an, sich endlich wieder mehr um ihre Freunde zu kümmern, indem sie einen extra fest umarmen und »Schön, dass es dich gibt!« flüstern.

»Hm«, murmeln die anderen und kramen ein bisschen in ihrer Tasche. Läuft doch alles so weit ganz okay. Richtig ändern tut sich langfristig doch eh wenig. Sie feiern meistens gar nicht gern Silvester, denn was soll an diesem Abend schon besonders sein. Man kann sich an jedem Tag des Jahres etwas Neues vornehmen. Jeder weiß, dass Diäten wenig nützen, gleich danach isst man sich die Kilos sowieso wieder an. Mit Schwung in das neue Jahr? Mensch, dafür haben sie nun wirklich keinen Kopf, der ist ja schon gefüllt mit den ganzen Terminen, noch aus dem alten Jahr.

Irgendwo dazwischen bewege ich mich. Ich feiere gern Silvester, mache gern Sachen zum ersten Mal. Neuanfang hat für mich mit Neugier zu tun, mit Lust und Freiheit. Mit 17 Jahren fand ich Hermann Hesse gut: Jedem Anfang wohnt ein Zauber inne. Es gibt doch nichts Spannenderes, als Dinge auszuprobieren, von denen man nicht genau weiß, wie sie ausgehen. Das kann ja nicht mit der Jugend aufhören. Aber ich halte gleichzeitig nichts davon, mir Dinge vorzunehmen, die ich nicht schaffen kann, das frustriert nur. Man braucht einen guten Plan, eine Idee. Und für manchen Neustart braucht man auch Geduld, Geschick und etwas Übung. Aus kleinen Schritten können schließlich auch große werden.

Wir haben einige Rituale, die uns dabei helfen, Veränderungen zu üben. Viele von ihnen gehören ins Frühjahr. Diese Jahreszeit war in früheren Zeiten, bevor alle christlichen Länder denselben Kalender bekamen, mancherorts tatsächlich der Jahresbeginn. Und auch heute noch geht es im Frühling um den Neuanfang: Wir putzen den Winter aus dem Haus und richten alles schön her. Auch uns selbst wollen wir wieder in Form bringen, also fasten und entschlacken wir. Und – kaum hat man mit dem Staubwischen begonnen, da wirbelt man schon die ersten Fragen auf.

WAS IST STAUB?

Er ist nicht nur unser lästiger Begleiter im Haushalt, ein vermeintlicher Gegner, den wir bekämpfen müssen. Wer sich mit Staub beschäftigt, sieht, dass er ein großartiges Archiv der Vergangenheit ist, sowohl auf der Erde wie auch im Weltall; mit ihm lassen sich Zusammenhänge des Lebens und des Universums besser verstehen. Und er hat eine faszinierende Eigenschaft, die wir sonst kaum beobachten können: Er widersetzt sich der Schwerkraft, schwebt tagelang durch die Luft oder bleibt einfach an Oberflächen haften.

Aus dem Alltag kennen wir Staub meist als Hausstaub, der sich überall in unserer Wohnung sammelt. Er wirkt wie eine einheitliche graue Schicht oder ein graues Knäuel, doch wenn man ihn genauer betrachtet – am besten unter einem Mikroskop –, erkennt man, dass er aus den unterschiedlichsten Materialien besteht. Hausstaub enthält textile Fasern, menschliche Hautschuppen und Haare, Essenskrümel, Reste von Insekten, Pflanzenteile, Gesteinspartikel, Kunststoffteilchen, Schadstoffe wie beispielsweise Weichmacher aus Teppichböden, Körnchen von Salz und Sand, sogar einige kosmische Staubteilchen. Es ist eine bunte Mischung aus organischen und anorganischen Stoffen, die zudem noch den Lebensraum für winzige Staubbewohner bilden. Milben, Läuse, Schimmelpilze, Algen, Bakterien und Viren sowie deren Ausscheidungen und Ausdünstungen sind ebenfalls Bestandteile unseres Hausstaubs.

Von diesem Staub sinken täglich 6,2 Milligramm pro Quadratmeter in einen durchschnittlichen Wohnraum herab. Etwas weniger als die Hälfte dieses Staubes entsteht normalerweise innerhalb unserer vier Wände. Winzige Faserteilchen lösen sich durch Abrieb von unserer Kleidung und anderen Wohntextilien und verteilen sich in der ganzen Wohnung. Jede unserer Bewegungen verursacht Staub. Staubwischen und Putzen produzieren paradoxerweise durch das Aufwirbeln, Abreiben und das viele Herumhantieren mehr Staub, als sie beseitigen. Direkt von uns Menschen stammt auch ein Teil der Staubpartikel: Bis zu zwei Gramm abgestorbene Hautzellen geben wir Tag für Tag an die Luft ab. Auf Bücherregalen und Bilderrahmen bilden sie den Hauptbestandteil des Hausstaubs, da warme Luft mit den leichten Teilchen aufsteigt und an den kühleren Wänden wieder absinkt. Deshalb ist es an den Wänden in der Regel staubiger.

Mehr als die Hälfte unseres Hausstaubes (im Durchschnitt etwa 60 Prozent) tragen wir an unseren Schuhsohlen von der Straße nach drinnen. Die Zusammensetzung dieses Staubanteils variiert sehr stark: Sie ist abhängig von der Umgebung, enthält auf dem Land viel mehr pflanzliches Material als in der Großstadt. Sie ist aber auch von der Jahreszeit abhängig: Staub ist im Winter salziger, weil wir das Streusalz vom Gehweg im Hausflur verteilen. Auch der Staub außerhalb der Wohnung entsteht größtenteils mechanisch durch Abrieb oder Zerkleinerung, manchmal auch durch chemische Prozesse, wie Rauch. Einige Stäube werden auch direkt von Pflanzen in die Welt geschickt, so wie der Blütenstaub. Und nicht zuletzt ist von Menschen erzeugter Staub überall in unserer Umwelt zu finden: Industrie, Kraftwerke, Verkehr und Städtebau hinterlassen staubige Spuren. Dieser Feinstaub schwebt in der Luft und kommt durch die geöffneten Fenster auch in unsere Wohnungen. Wer an einer vielbefahrenen Straße lebt, hat eine deutlich höhere Staubbelastung als jemand in einer einsamen Almhütte.

Staub ist also eine Art Überbleibsel unterschiedlicher Vorgänge. Viele der winzig kleinen Teilchen können wir mit bloßem Auge gerade noch erkennen, manche aber nur noch mit modernsten Mikroskopen. Wer sich mit Staub beschäftigt, arbeitet an der Grenze vom Sichtbaren zum Unsichtbaren. Die kleinsten Staubpartikel, etwa von Feinstaub, sind weniger als zehn Mikrometer klein. Diese Winzigkeit verändert die physikalischen Eigenschaften der Staubkörner. Wird ein Material zerkleinert, verlieren die einzelnen Teilchen schnell an Masse, ihre Oberfläche dagegen nimmt nicht so rasch ab. Staubkleine Teilchen haben immer eine im Verhältnis zu ihrer Masse große Oberfläche. Ihre Gewichtskraft ist viel geringer als die Oberflächenkräfte, die auf sie wirken. Sie gehorchen nicht mehr in erster Linie den Gesetzen der Schwerkraft, sondern werden bestimmt von Anhaftungs- und Reibungskräften. Staub ist daher ziemlich anhänglich. Manche der Teilchen sind elektrisch geladen und kleben hartnäckig an bestimmten Oberflächen. Sogar Wechselwirkungen auf Molekülebene spielen dabei eine Rolle. Die waltenden Kräfte sind für Physiker faszinierend und im Detail längst nicht alle verstanden.

Staub bleibt aber nicht nur an Oberflächen haften, er schwebt auch lange in der Luft. Während ein größeres Sandkorn sofort zu Boden fällt, wird ein Staubkorn vom Luftwiderstand getragen und sinkt – abhängig von der Größe – ganz langsam herab. Ein Feinstaubpartikel von weniger als 1 Mikrometer Durchmesser sinkt mit einer Geschwindigkeit von 30 Mikrometer in der Sekunde. Und wenn man ganz genau hinsieht, tanzen die Staubkörnchen sogar. Die unregelmäßigen, ruckartigen Bewegungen der Teilchen entstehen durch die Wärmebewegungen der sie umgebenden Moleküle. Die sogenannte Brownsche Bewegung der Staubteilchen macht also die unsichtbare Welt der Moleküle und Atome sichtbar. Natürlich reagieren die tanzenden Teilchen auch auf jeden noch so feinen Windhauch. Eine der ersten Definitionen von Staub, die der Gelehrte Isidor von Sevilla vor fast 1500 Jahren niederschrieb, war: »Alles, was so leicht ist, dass es von der Luft emporgetragen wird.«

Staub gelangt deshalb auch überallhin. Jede Staubansammlung enthält dabei eine ganz eigene Mischung von Materialresten – je nachdem, wo sie entstanden ist. Und das wiederum ist das Spannende an der Erforschung von Staub: Er bietet eine Art Archiv auf Mikroebene. Genau wie der Hausstaub alles enthält, was die Hausbewohner tun, befinden sich in Kometenstaub sehr wahrscheinlich einige der Urbausteinchen unseres Sonnensystems.

Dabei darf nicht vergessen werden, dass es schon lange vor den Menschen Staub auf unserem Planeten gab. Seine Zusammensetzungen änderten sich durch die Zeitalter mit der Entwicklung der Pflanzen- und Tierwelt und zuletzt mit derjenigen des Menschen. Auch heute noch stammen schätzungsweise 80 bis 90 Prozent des Staubs, der über die Erde wirbelt, aus der Natur. Wüstensand, Vulkanasche oder Meersalz spielen eine wichtige Rolle in der Atmosphäre. Der Wasserkreislauf auf unserem Planeten wäre ohne sie nicht möglich: Sie bieten die »Oberflächen«, an denen der Wasserdampf kondensieren kann, um dann zu Wolken, Regentropfen oder Schnee zu werden. Der Saharastaub wird durch den Wind in einem fast endlosen Staubstrom über die Meere getragen und düngt dann die riesigen Regenwälder des Amazonasgebiets, vor allem mit dem Element Phosphor. 182 Millionen Tonnen Sand tragen Wind und Wetter jedes Jahr aus der afrikanischen Wüste in den südamerikanischen Dschungel, 27 Millionen Tonnen landen im Amazonasbecken, haben Satellitenmessungen ergeben. Und das sind nur zwei Beispiele für die Bedeutung des Staubs in unserem Ökosystem.

Folge dem Spitzwegerich

Organischer Staub vergangener Zeiten könnte uns viel über längst verschwundene Pflanzen und Lebewesen erzählen. Doch er zersetzt sich im Lauf der Zeit. Wissenschaftler suchen deshalb nach Staubsammlungen, bei denen sich Schicht um Schicht übereinander abgelagert hat. Und sie werden fündig: in Mitteleuropa beispielsweise im Torf von Mooren, wo Staubablagerungen ohne Sauerstoff konserviert wurden. Diese Staubarchive der Vergangenheit sind für Biologen ebenso spannend wie für Geographen und Archäologen. Den Chemiker und Philosophen Jens Soentgen, der das Buch »Staub – Spiegel der Umwelt« herausgegeben hat, interessiert beispielsweise das Vorkommen von Spitzwegerichpartikeln. Denn wo Spitzwegerich wuchs, lebten wahrscheinlich Menschen. Die Pflanze gedeiht nur an Stellen, die regelmäßig begangen werden, und solche eingetretenen Pfade legen eigentlich nur Menschen an. Wenn Torfproben Spitzwegerichreste enthalten, ist das ein Hinweis, dass in dieser Gegend Menschen unterwegs waren.

Der Staubkrimi

Auch die Kriminaltechnik beschäftigt sich mit Staubspuren. Die Untersuchung winziger Mikropartikel am Tatort eines Verbrechens ist seit Beginn des 20. Jahrhunderts ein wichtiger Teil der Polizeiarbeit. »Jede Berührung hinterlässt eine Spur«, formulierte Edmond Locard, der Pionier der Kriminaltechnik. Er überzeugte seine Kritiker mit der praktischen Anwendung seiner Theorien: An der Kleidung von Falschmünzern wies er mit Hilfe des Mikroskops Metallstaub nach, dessen Zusammensetzung genau der Münzlegierung entsprach. Den Männern wurde sozusagen ihr »Berufsstaub« zum Verhängnis. Durch modernste Technik können heute immer feinere Spuren untersucht werden: Man rekonstruiert den Gebrauch einer Schusswaffe mittels mikrofeiner Schmauchteilchen und identifiziert sogar die DNA menschlicher Zellen.

Unsere persönliche Staubwolke

Übrigens sind nicht nur Verbrecher von individuellem Staub umgeben. Forscher haben gemessen, dass wir alle in eine »personal cloud« gehüllt durch den Alltag laufen. Am Körper ist die Staubkonzentration eindeutig am höchsten. Diese Staubhüllen stellen eine Art Visitenkarte unseres Lebens dar. Die persönliche Staubwolke enthält alles, womit wir in Kontakt sind, Partikel von Personen genauso wie von Stoffen. Berufe und Gewohnheiten hinterlassen in der Wolke ihre Spuren. So geht ein Schreiner in eine Wolke kleinster Holzteilchen gehüllt durchs Leben, ein Raucher nimmt seinen kalten Rauch überallhin mit, und einen Zeitungsleser umgeben Druckerschwärze und Papierpartikel.

Staub hilft nicht nur, die Natur und die Menschen besser zu verstehen. Wenn er aus den Tiefen des Weltalls kommt, kann er auch etwas über die Ursprünge unserer Welt erzählen. Klaus Torkar untersucht solchen Weltraumstaub an der Technischen Universität Graz. Am vielversprechendsten ist die Erforschung von Kometenstaub. »Kometen sammeln gewissermaßen den im frühen Sonnensystem oder gar vor der Planetenentstehung vorhandenen Staub und konservieren ihn über Jahrmillionen«, schreibt Torkar. Werden die Kometen schließlich in eine sonnennahe Bahn gelenkt, verdampfen durch die Erwärmung Gase und reißen winzige Staubpartikel aus dem Inneren des Kometen mit sich. Raumsonden gelang es bereits, den Kometenstaub im Weltraum zu untersuchen. Es geht dabei auch um die wichtige Frage: Sind darin organische Moleküle zu finden? Und kam mit ihm das Wasser auf die Erde? Denn möglicherweise ist Staub nicht nur das Archiv, sondern der Anfang allen Lebens.

Trotzdem heißt es jedes Frühjahr in vielen Haushalten: Tief Luft holen und auf zum großen Frühjahrsputz! Die Küche sollte mal wieder gründlich gereinigt werden – bis in die hinterste Ecke der Schränke und Ablagen bitte! Die Holzböden erhalten eine neue Politur, und das Abstauben will nicht vergessen werden. Auch den Betten wird die Frühjahrsmüdigkeit ausgetrieben: Kopfkissen und Decken werden gelüftet und Matratzenauflagen in die Waschmaschine gesteckt. Dafür steht uns eine Armada an Helfern zur Seite: die Putzmittel.

WAS IST IN UNSEREN PUTZMITTELN DRIN?

In unseren Putzschränken stehen sie Seit' an Seit' bereit zu polieren, zu bleichen, zu absorbieren, zu lösen, zu waschen und zu enthärten. Jedes Mittel hat seinen eigenen Auftrag, so jedenfalls lautet die Werbebotschaft. Aber stimmt das auch, oder enthalten sie nicht doch alle dieselben Wirkstoffe?

Im Wesentlichen gehören fünf Stoffe zu den wichtigsten Waffen gegen Schmutz: Tenside, Alkalien, Säuren, Lösungsmittel und Enzyme.

Jeder Wohnbereich hat seine eigene Schmutzart. In der Küche zum Beispiel regiert das Fett. Herd, Küchenschränke, Arbeitsflächen und den Boden rings um den Herd bedeckt oft ein schmieriger Schmutzfilm. Dagegen helfen am besten Tenside, die Klassiker des Reinigens, die Menschen seit Jahrtausenden verwenden, um Schmutz und Fett zu beseitigen – früher ausschließlich in Form von Seife.

Tenside erhöhen die Reinigungswirkung des Wassers auf zweierlei Weise: Sie verringern die Oberflächenspannung, dadurch benetzt das Wasser auch wirklich alles, was es reinigen soll. Sie lösen zudem den fettigen Schmutz und halten ihn im Wasser fest, so dass er mit dem Putzwasser in den Abfluss gespült werden kann. Der Grund für diese Fähigkeiten liegt in der Zwitter-Struktur der Tensidmoleküle. Sie besitzen einen

Kopf, der das Wasser liebt, und einen Schwanz, der sich zum Fett hingezogen fühlt. Die Moleküle können so an Grenzflächen aktiv sein, seien es Flüssigkeit-Luft-Grenzen oder Flüssigkeit-Flüssigkeit-Grenzen. Ihnen gelingt es, eigentlich Unvermischbares zu mischen, nämlich fettigen Schmutz und Wasser. Tenside sind in fast allen Putzmitteln zu finden, sie sind so etwas wie das Herz der Reinigungsmittel.

Tenside können das Wasser zum Schäumen bringen. Dann nämlich, wenn durch Bewegung – also zum Beispiel kräftiges Schütteln – Luft in die Tensidflüssigkeit kommt. So entsteht auch die schillernde Seifenblase: In diesem Fall pusten wir Luft auf einen dünnen Tensid-Wasser-Film. Diese sogenannte Lamelle hat auf beiden Seiten eine Tensidschicht, dazwischen eine dünne Schicht Wasser. Deshalb ist die Lamelle elastisch, durch die eingeblasene Luft dehnt sie sich und schließt sich um die Luft als fast perfekte Kugel.

Früher waren die Schaumblasen ein Problem. Die ersten synthetisch hergestellten Tenside führten zu riesigen Schaumbergen auf unseren Flüssen. Heute setzt man deswegen schaumärmere und sehr schnell abbaubare Tenside ein.

Ätzende Lösung

Nun gibt es in Küchen auch altes, eingebranntes Fett. Hier brauchen die Tenside Unterstützung. Alkalien erhöhen den pH-Wert des Wassers: auf einen Wert von über 7 (alkalischer Bereich). In einem solchen Milieu können Tenside optimal arbeiten: denn Schmutz löst sich leichter von den Oberflächen (alkalisches Wasser führt dazu, dass sich die Schmutzteilchen und die Oberflächen regelrecht abstoßen), und Fette, Öle und Proteine lassen sich leichter aufspalten.

Alkalien verwenden wir vielfach in der Küche; nicht nur zum Putzen, auch zum Kochen und Backen. Bäcker zum Beispiel tauchen ihre rohen Brezelteiglinge für wenige Sekunden in eine alkalische Lösung mit stark ätzendem Natriumhydroxid (Natronlauge), bevor sie sie in den Ofen schieben. Dadurch bekommt das Gebäck eine braun glänzende Oberfläche und einen besonderen Geschmack. Da alkalische Lösungen auch als Laugen bezeichnet werden, sprechen wir von »Laugengebäck«.

Schaut man sich die Inhaltsstoffe seines Backofenreinigers genau an, kann es gut sein, dass man dieselbe Alkalie entdeckt, die auch die Brezeln braun macht. Solche Reiniger kombinieren die ätzende Natronlauge mit weiteren Alkalien und Tensiden – die Laugen spalten die in den eingebrannten Speiseresten enthaltenen Fette zumindest teilweise in Seife und Glyzerin, sie lockern so die Verkrustung und machen sie wasserlöslich. Die Tenside lösen dann den fettigen Rest aus dem Backofen.

Wenn Kalk zur Brausetablette wird

Weiter geht es im Badezimmer. Hier haben wir es in erster Linie mit Kalk zu tun. In den Nassräumen hinterlässt unser kalkhaltiges Leitungswasser überall Rückstände. An diesen mineralischen Verschmutzungen scheitern Alkalien und Tenside. Jetzt kommt der große Auftritt der Säuren. Sie können den Kalk auflösen, und zwar durch eine chemische Reaktion: Der Kalk – bzw. das Kalziumcarbonat, ein kaum wasserlösliches Kalziumsalz der Kohlensäure, oder auch andere kalkhaltige Verkrustungen wie Magnesiumcarbonat – reagiert mit starken Säuren zu Kohlensäure und einem wasserlöslichen Salz. Die Kohlensäure wiederum zerfällt in Kohlendioxid und Wasser, deshalb sprudelt es beispielsweise im Wasserkocher, wenn wir den Entkalker hineinschütten.

Es gibt starke, aggressive und weniger starke Säuren. Bei dicken Kalkablagerungen empfehlen Chemiker beispielsweise die gut kalklösende Phosphorsäure. Sie ist auch in Coca-Cola enthalten, deshalb kann man das Getränk tatsächlich zum Reinigen des WC verwenden. An diesem Örtchen bildet sich zusätzlich zum Kalk noch eine weitere mineralische Verschmutzung, der Urinstein. Um ihn zu lösen, muss der saure WC-Reiniger manchmal länger einwirken. Deshalb ist die Keramik der Toiletten ganz unempfindlich und säure- und alkalistabil. Das trifft aber nicht auf alle Oberflächen in Bad und WC zu. Bei Materialien wie Marmor, älterem Email, einigen Metallen und PVC sollte man mit sauren Reinigern vorsichtig sein, sie beschädigen die Oberflächen. Auch auf die Haut und die Augen muss man natürlich bei Putzmitteln mit starken Säuren oder Laugen aufpassen. In modernen Badreinigern tauchen deshalb in erster Linie organische Säuren wie Zitronensäure, Essigsäure oder Ameisensäure auf. Sie sind milder und zudem vollständig biologisch abbaubar.

Die größten Putzhürden sind damit genommen, nun wollen wir noch alle abwischbaren Oberflächen zum Glänzen bringen, die Böden ebenso wie den Badezimmerspiegel. Stark verschmutzt sind diese Flächen meist nicht – blitzblank werden sie durch den Einsatz eines Lösungsmittels, das die Staubreste und Flecken mitnimmt. Bei dem Begriff denkt man vielleicht zuerst an chemische Zusätze wie Alkohol oder Azeton. Eigentlich bedeutet Lösungsmittel aber nur, dass eine Flüssigkeit Wirkstoffe löst, ohne sie dabei chemisch zu verändern. Beim Putzen setzen wir in erster Linie ein Lösungsmittel ein: Wasser. Für viele Oberflächen reicht das aus. Leicht verschmutzte Spiegel und Fensterscheiben kann man mit klarem Wasser wischen und danach gleich trockenreiben. Glasreiniger, die zusätzlich Alkohole, Tenside und auch manchmal Alkalien enthalten, erleichtern die Sache aber. Beim Wischen der Bodenflächen gibt man dem Wasser meist Putzmittel zu. Sie enthalten je nach Art des Bodens unterschiedliche Zusätze: Ein unempfindlicher, stark verschmutzter Boden wie in der Küche zum Beispiel braucht leichte Säuren oder Laugen; das Parkett im Wohnzimmer reinigen milde Tenside, gleichzeitig bilden Polymere und Wachse einen schützenden Film auf dem Holzboden aus.

An Reinigungsmitteln wird immer weiter geforscht. So rücken beispielsweise Enzyme immer mehr in den Mittelpunkt des Interesses. Sie zerlegen besonders hartnäckige Verschmutzungen wie Stärke, Fette, Blut, Milch, Ei oder Kakao bei niedrigen Temperaturen, so dass sie sich leichter aus- bzw. abwaschen lassen. Enzyme wirken im Fleckenteufel, in Spülmaschinentabs und im Color-Waschmittel. Sie haben klangvolle Namen wie Protease, Lipase und Amylase. Natürlich hört die Liste der Wirkstoffe nicht mit den Enzymen auf. Noch zu erwähnen wären Komplexbildner, Abrasivstoffe (Marmormehl oder Sandpartikel in Scheuermilch), desinfizierende Stoffe und Bleichmittel. Und nicht zu vergessen die Duftstoffe, Farb- und Füllstoffe, die in allen genannten Mitteln stecken. Waschmittel können bis zu 50 Inhaltsstoffe enthalten. Die vollständige Liste der Inhaltsstoffe unserer Reinigungsmittel findet man übrigens fast nie auf der Verpackung – die Hersteller müssen diese Listen aber auf ihrer Homepage im Internet veröffentlichen.

Der Sinn des Sinnerschen Kreises

Wir haben uns dem Putzen bislang von der chemischen Ecke genähert. Doch das ist nur eine Seite der Sauberkeitsmedaille, das dachte sich auch der deutsche Waschmittelentwickler und langjährige Henkel-Mitarbeiter Herbert Sinner. Beim praktischen Putzeinsatz spielen neben der Chemie noch drei weitere Dinge eine Rolle: die Zeit, die man zum Putzen braucht; die Temperatur, bei der sauber gemacht wird, und die Kraft, die wir beim

Putzen aufwenden, wenn wir kräftig den Schrubber aufdrücken oder wild mit dem Lappen scheuern. Um das Wechselspiel dieser Faktoren zu veranschaulichen, hat Herr Sinner einen wunderbaren Farbkreis mit vier Segmenten erfunden, der nach ihm benannt und mittlerweile unter Fachleuten ein geschätztes Instrument ist. Die Idee des Sinnerschen Kreises ist einfach: Wird ein Segment größer, wird die Summe der drei anderen entsprechend kleiner. Ein Beispiel: Spült man bei höherer Wassertemperatur Geschirr, braucht man weniger Spülmittel und muss auch weniger schrubben. Ein weiteres Beispiel: Eine Waschmaschine benutzt kein (mechanisches) Waschbrett – sie wäscht stattdessen sehr viel länger und mit dem passenden chemischen Pulver. Für den Hausputz bedeutet das: Ist ein Putzmittel chemisch wirksamer, müssen wir weniger schrubben und polieren.

Womit haben die Menschen früher geputzt und gewaschen?

Viele der aufgezählten Inhaltsstoffe sind den Menschen schon seit Jahrtausenden bekannt. Über **Seife** kann man bereits auf einer 2500 Jahre alten Tontafel der Sumerer in Keilschrift lesen. An ihrer Herstellung und Verwendung änderte sich erst einmal vier Jahrtausende nichts Grundlegendes – bis zur Tensidforschung im 20. Jahrhundert.

Auch die Wirkung von **Alkalien** kennen wir Menschen schon lange. Die Sumerer beschrieben nicht nur die Verwendung von Seife, sondern auch die Reinigung von Stoffen mit Pflanzenasche. Die wirksame Alkalie darin ist Pottasche, von deren arabischer Bezeichnung *al-qualya* das Wort abstammt. Ebenfalls seit langer Zeit wird Soda oder Natriumcarbonat als Lauge verwendet. Soda kann durch den Abbau natürlicher Natriumcarbonat-haltiger Minerale gewonnen werden. Sie findet man beispielsweise in Sodaseen in Nordafrika und Kleinasien.

Die Römer nutzten **Ammoniak,** das aus vergorenem Urin gewonnen wurde, zum Reinigen von Textilien und zum Gerben von Leder. In diesem Zusammenhang wurde übrigens der Ausdruck *Pecunia non olet,* also »Geld stinkt nicht«, geprägt: Kaiser Vespasian erhob auf die von den Wäschern und Gerbern zum Sammeln des benötigten Urins öffentlich aufgestellten amphorenförmigen Latrinen eine spezielle Latrinensteuer. Als sein Sohn das kritisch kommentierte, hielt Vespasian ihm das verdiente Geld unter die Nase und fragte ihn, ob es übel rieche.

———————

DER HAUSHALT IST GEFÄHRLICHER ALS DER STRASSENVERKEHR!

Haushaltsarbeit, insbesondere der Frühjahrsputz, ist nicht ungefährlich. Haushaltsunfälle ereignen sich meistens wegen falsch eingesetzter Gegenstände. Tische und Stühle beispielsweise nutzen wir als Ersatzleitern, sie spielen bei etwa 23 Prozent aller Hausunfälle eine zentrale Rolle. Knapp dahinter rangieren Bodenbeläge, an denen wir hängenbleiben oder auf denen wir ausrutschen (18,9 Prozent), gefolgt von Haushaltsgeräten (18,7 Prozent), das ergab eine Studie des Robert Koch-Instituts.

So starben im Jahr 2013 allein in Deutschland 7227 Menschen aufgrund von Stürzen im Haushalt, teilt das Statistische Bundesamt mit. Die Stürze machen mehr als 80 Prozent aller tödlichen Unfälle aus.

Der gefährlichste Ort ist die Küche, dann folgen Bad und Flur. Saisonal gibt es ebenfalls interessante Muster: Während es im Winter und in der Weihnachtszeit die Wohnungsbrände sind, zählen in der warmen Jahreszeit die Grillunfälle sowie Verletzungen beim Rasenmähen und Heimwerken zu den häufigsten Unglücksursachen. Im Frühjahr sind tatsächlich die Putzopfer ganz vorn in der Statistik.

Seit Jahren sterben mehr als doppelt so viele Menschen im Haushalt als im Straßenverkehr.

Wir sind also sensibilisiert, was den Frühjahrsputz an-
geht. Eine Sache ging aber bei all dem Saubermachen
ein wenig unter. Nicht alles, was wir da mit Chemie
und Körpereinsatz vernichten, ist schlecht. Übertriebene
Hygiene ist nämlich gar nicht so vorteilhaft für uns.

WARUM SIND BAKTERIEN SO WICHTIG?

Sie sind winzig, und sie sind in der Überzahl. Bakterien sitzen auf unserer Haut, vor allem auf den Schleimhäuten, und sind hauptsächlich dafür verantwortlich, wie wir riechen. Der amerikanische Mikrobiologe Dwayne Savage machte sich Ende der 1970er Jahre die Mühe, ihre Zahl abzuschätzen, und kam darauf, dass sie 90 Prozent aller Zellen unseres Körpers ausmachen.

Freunde fürs Leben

Auf und in uns lebt ein gigantischer Mikrobenzoo – 100 Billionen Bakterien, die zusammen zwei Kilogramm wiegen. Man könnte sagen, dass uns die Bakterien besiedelt haben, so wie wir die Erde besiedelten. Ein großer Teil von ihnen ist für uns extrem wichtig, er sorgt für unser Leben, aktiviert unser Immunsystem, liefert uns Vitamine, zerteilt Fette und bildet Enzyme, mit deren Hilfe wir etwa die Nahrung zerlegen können. Vor allem im Darm spielen die Bakterien eine immens wichtige Rolle, 99 Prozent aller Mikroorganismen leben hier.

Seit einigen Jahren werden die Bakterien am und im menschlichen Körper verstärkt erforscht. Man erstellte eine Art Bakterienkarte und suchte dabei nach Familien und Untergruppen. Dafür tupften Forscher die Menschen überall mit Wattestäbchen ab, im Mund, auf der Stirn und unter den Achseln. Dann nahmen sie Stuhlproben und machten Abstriche an unseren Genitalien. Sogar in Organen wie der Lunge fanden sie neue Bakterien. Insgesamt gibt es wohl einige tausend Arten. Alle diese Bakterien zusammen besitzen etwa acht Millionen Gene, sagen Mikrobiologen, der Mensch hat nur knapp 23 000.

Persönlicher Darmabdruck

Die Ergebnisse der Forschungen sind in vielerlei Hinsicht verblüffend. Jeder Mensch scheint seine eigene, individuelle Mikrobenwelt zu besitzen, die ihn von anderen Menschen unterscheidet. Die Hälfte des Mikrobioms, wie man die Gesamtheit aller Bakterien nennt, ist bei allen Menschen gleich. Der Rest aber nicht. Forscher vermuten, dass der eigene Bakterienzoo im Darm so charakteristisch ist wie ein Fingerabdruck. Vegetarier beispielsweise haben andere Bakterien als Fleischesser, Radfahrer andere als Nicht-Radfahrer, Dicke andere als Dünne. Sogar die Art der Geburt (auch im Geburtskanal und am Darmausgang sind Bakterien) spielt eine Rolle; Kaiserschnittkinder brauchen Monate länger, bis sie eine intakte Darmflora haben. Später beeinflussen Hygiene, Infektionen, Medikamente und auch Stress die Zusammensetzung. Selbst wem man die Hand schüttelt und wo unser letzter Aufenthaltsort war, hinterlässt Spuren, allerdings verschwinden diese nach kurzer Zeit wieder.

In den vergangenen Jahren gab es immer mehr Hinweise, dass es schädlich sein kein, wenn einige der winzigen Siedler abwandern oder erst gar nicht einwandern. Das könnte nämlich eine Reihe von Krankheiten begünstigen, Asthma etwa oder Allergien, Depressionen, Übergewicht, Autoimmun- und Stoffwechselerkrankungen, also einige unserer Zivilisationsleiden. Es scheint klar, dass Lebensstil und Mikrobiom eng miteinander zusammenhängen und dass sich Sport und eine ballaststoffreiche Ernährung positiv auswirken.

Haben wir im Lauf der Menschheitsgeschichte wichtige Mitbewohner verloren?

Forscher versuchen aktuell herauszufinden, wie man ein möglichst widerstandsfähiges Mikrobiom erhalten oder wiedererlangen kann. Manche von ihnen flogen auf dieser Mission in die entlegensten Regionen der Regenwälder zu den isoliert lebenden Yanomami, um eine möglichst unverfälschte Bakterienpopulation zu analysieren. Sie nahmen Proben von der Haut, der Mundhöhle und dem Kot. Diese Proben wiesen fast doppelt so viele Bakterienarten auf als die von Nordamerikanern. Das ist der erste Beweis für einen bislang unbemerkten Artenschwund. Möglicherweise hat man damit tatsächlich eine Ursache für viele Erkrankungen in westlichen Zivilisationen gefunden.

DIE ENTSTEHUNG DER JAHRESZEITEN

Die Tage nach dem letzten Sonntag im März fühlen sich für mich oft an, als wäre ich von einer langen Flugreise zurückgekommen. Gegen dieses Jetlaggefühl hilft auch früh ins Bett gehen nicht. Mir fehlt einfach die eine Stunde zwischen zwei und drei Uhr nachts wochenlang. Ich bin nun mal kein Morgenmensch. Vielleicht liegt es daran. Die Zeitumstellung im Herbst stecke ich in der Regel leicht weg.

WARUM MACHT UNS DIE UMSTELLUNG AUF DIE SOMMERZEIT ZU SCHAFFEN?

Forscher wie Charlotte Förster vom Biozentrum der Universität Würzburg bestätigen, dass die Umstellung im Herbst für die meisten Menschen keine negativen Auswirkungen hat. Ganz anders sieht es im Frühling aus. Das hängt mit unserer inneren Uhr zusammen, die stark an den Zeitpunkt der Morgen- und Abenddämmerung gekoppelt ist, nicht aber an unsere Armbanduhr. Wenn sich Sonnenauf- und -untergang im Lauf eines Jahres verschieben, justiert die innere Uhr immer leicht nach.

Statistische Untersuchungen des Münchner Chronobiologen Till Roenneberg ergaben schon vor Jahren, dass sich die Menschen in den ersten vier Wochen nach der Zeitumstellung nicht wirklich innerlich auf die Sommerzeit umstellen. So blieben Testpersonen an freien Tagen (also ohne äußeren Zwang wie Arbeitsbeginn) bei ihrem alten Schlafrhythmus, sie ignorierten die neue Uhrzeit einfach. An Arbeitstagen mussten sie ihren Rhythmus dann zwangsweise wieder eine Stunde nach vorne verlegen. Am stärksten leiden unter dieser Umstellung die sogenannten Eulen, wie Chronobiologen Menschen wie mich nennen, die morgens lieber länger im Bett bleiben.

Unsere innere Uhr justiert nämlich bei uns allen nur langsam nach. Im Frühjahr dämmert es allmählich wieder früher am Morgen, vor der Zeitumstellung Mitte März spüren wir das schon ein wenig beim Aufwachen. In diese innere Umstellungsphase bricht nun die Zeitumstellung ein, wir stellen die Uhr nach vorne und wachen schlagartig wieder im Dunkeln auf. Das  führt zu wochenlanger Müdigkeit, weil wir innerlich immer hinterherhinken. Besser wird es erst, wenn wir auch nach der neuen Sommerzeit wieder in der Dämmerung aufwachen.

Jüngst haben Forscher um Timothy Brown von der Universität Manchester Hinweise gefunden, dass neben der Helligkeit auch die Farbe des Tageslichts unsere innere Uhr beeinflusst. Während der Dämmerung ist nämlich der Anteil des eher kurzwelligen blauen Lichts höher. Auf dem Weg durch die Atmosphäre werden bei tiefstehender Sonne die anderen Lichtkomponenten herausgefiltert. Offenbar lassen sich solche Farbunterschiede genau registrieren. Versuche an Mäusen legen das nahe. Das würde auch erklären, warum unsere innere Uhr immer funktioniert, egal welches Wetter gerade herrscht, bei strahlendem Sonnenschein genauso wie bei stark bewölktem Himmel. Helligkeit allein wäre dann nicht das Maß für die Tageszeit, denn das Lichtspektrum bleibt relativ unabhängig vom Bedeckungsgrad. Das kurzwellige blaue Licht kann auch die Wolkendecke durchdringen. Interessanterweise liegt die Master-Clock, also unsere zentrale innere Uhr, bei uns Menschen genau an der Stelle, an der sich die von beiden Augen kommenden Sehnerven kreuzen. Dieser suprachiasmatische Kern im Hypothalamus kontrolliert unseren Schlaf-wach-Rhythmus. Fällt am Morgen das bläuliche Licht auf unsere Augenlider, melden die Nerven das an die Master-Clock, das senkt den Melatoninspiegel. Wir wachen deshalb nicht sofort auf, aber unser Organismus synchronisiert die innere Uhr mit dem Lauf der Sonne.

Timothy Brown meint, dass wir möglicherweise mit Farben gezielt unsere innere Uhr beeinflussen könnten. Das könnte beispielsweise Schichtarbeitern helfen oder Zeitumstellungsopfern. Es gibt aber immer noch Arbeitgeber, die solche Ergebnisse mit einem Achselzucken abtun. Schicht ist Schicht, Schulbeginn ist Schulbeginn, die optimierten Prozesse dominieren über uns Menschen. Vielleicht motivieren folgende Erkenntnisse den einen oder anderen Chef, zu Frühlingsbeginn etwas nachsichtiger mit seinen Mitarbeitern zu sein. Forscher um David Wagner von der Singapur Management University stellten fest, dass wir in den Wochen nach der Umstellung auf die Sommerzeit deutlich häufiger (und eher ziellos) im Internet surfen. Cyberloafing nennen Forscher diese Auszeit vor dem Schirm, eine Art virtuelles Bummeln. Offenbar nimmt also unsere Konzentrationsfähigkeit ab, wir zerstreuen uns mit anderen Dingen, das Internet ist hier Alternative Nummer eins.

Amerikanische Psychologen um John Gaski wiesen vor Jahren schon darauf hin, dass Schüler in Bundesstaaten ohne Sommerzeit (Arizona, Hawaii und Teile von Indiana nehmen nicht an der Umstellung teil) in einem wichtigen Highschool-Test, der über die Vergabe von Studienplätzen an Universitäten entscheidet, deutlich besser abschneiden.

UNSER SCHLAF

Wir schlafen im Durchschnitt sieben Stunden und vier Minuten, Frauen acht Minuten länger als Männer. Im Schnitt stehen wir um 6.20 Uhr auf. Kurz zuvor sind schon Körpertemperatur und Blutdruck angestiegen, bei Männern ist zudem der Spiegel des Sexualhormons Testosteron auf seinem Höchststand. Dafür wird die Produktion von Melatonin heruntergefahren, einem Hormon, das unseren Körper auf Dunkelheit und Schlaf einstellt.

Wir ermüden in der Regel um die Mittagszeit, den Grund dafür haben Wissenschaftler bislang nicht ergründet. Schlafforscher empfehlen für die Zeit ab 13 Uhr einen kurzen Schlaf. Das Power-Napping von 20 bis 30 Minuten macht uns fit, wie selbst die amerikanische Raumfahrtbehörde NASA belegt hat: Wir sind danach aufmerksamer und leistungsfähiger, unser Kurzzeitgedächtnis funktioniert besser. Zudem macht der Mittagsschlaf gute Laune, weil währenddessen die Konzentration von Serotonin im Blut steigt – das Hormon hebt die Stimmung. Und der Kurzschlaf reduziert sogar unser Gewicht: Wer müde ist, hat mehr Lust auf fette und süße Sachen.

Am späten Nachmittag ist die beste Zeit für Sport. Abends gegen 21 Uhr steigt dann der Melatoninspiegel wieder langsam an (bei Teenagern erst um 23 Uhr, deshalb gehen sie später ins Bett), wir werden müder, weniger aufmerksam und gehen schließlich durchschnittlich um kurz nach 23 Uhr ins Bett, lesen noch sieben Minuten ein Buch und schlafen um 23.14 Uhr ein.

Gibt es tatsächlich Unterschiede zwischen Eulen und Lerchen?

Dass Frühaufsteher und Langschläfer anders ticken, ist bekannt. Lerchen, wie Schlafforscher den ersten Chronotyp nennen, gehen lieber früh ins Bett und stehen früh auf. Eulen, der zweite Chronotyp, gehen spät ins Bett und schlafen morgens gern aus. Morgenstund hat für sie kein bisschen Gold im Mund, mit Frühsport könnte man sie jagen. Die Unterschiede zwischen den Chronotypen scheinen genetisch bestimmt zu sein. Uns alle steuert unsere innere Uhr durch Tag und Nacht. Mit Folgen für eine ganze Reihe von Dingen im Alltag. Wir tragen unseren Taktgeber in uns – Blutdruck, Verdauung, Kreativität, Lust auf Sex –, überall regiert die innere Uhr mit. Welcher Typ wir sind, zeigt sich vor allem im Urlaub, wenn keine äußeren Zwänge uns antreiben.

Wer versucht, gegen seinen inneren Rhythmus zu leben, und etwa von sich in der Zeit nach dem Mittagessen geistige Höchstleistungen erwartet, vergeudet letztlich nur unnötig Energie. Es ist reine Zeitverschwendung – und macht uns nur unzufrieden.

So zeigten britische Forscher, dass sich die Schlafgewohnheiten auch auf die Leistungsfähigkeit auswirken. Jeder Mensch, egal ob Nachtschwärmer oder Frühaufsteher, hat wohl eine ganz eigene Tageszeit, an der er Höchstleistungen bringen kann. Zumindest bei Sport-

lern schwankt die Form im Lauf eines Tages um bis zu 26 Prozent. Dies ergaben Fitnesstests zu sechs verschiedenen Tageszeiten. Bislang waren Forscher der Meinung, dass generell der frühe Abend ideal für sportliche Höchstleistungen sei. Doch tatsächlich hängt das Leistungsmaximum in erster Linie davon ab, wie lange die Sportler schon wach waren.

Ein Frühaufsteher, der morgens um 7 Uhr aus dem Bett kommt, war um 12 Uhr in Bestverfassung, wer um halb neun aufstand, war zwischen 15 und 16 Uhr am besten in Form, die Langschläfer (sie standen um 10 Uhr auf) brauchten am längsten, um das Maximum abzurufen. Erst um 20 Uhr brachten sie ihre Topleistung. Die Zeit des Erwachens ist demnach entscheidend für die Selbsteinschätzung, wann wir unser Optimum erreichen können.

Frühaufsteher brauchten also die kürzeste Zeit, um in Höchstform zu kommen, Langschläfer die längste. »Es geht nicht um die Uhr an der Wand, sondern um die Uhr in uns«, sagt Studienleiterin Elise Facer-Childs von der Universität Birmingham. »Man muss auch wissen, wann man die beste Leistung hinbekommt.«

Auch in der durchschnittlichen Bevölkerung sind die Leistungsunterschiede im Lauf des Tages groß, nicht nur im Sport. Zwei Leistungsspitzen verzeichnen Schlafforscher, morgens um 10 Uhr und nachmittags zwischen 16 und 18 Uhr. Auch hier gilt: Bei Lerchen sind beide Leistungspeaks etwas früher, bei Eulen etwas später.

Die verschlafensten Tiere

Für folgende Tiere stellt die Zeitumstellung kein Problem dar, sie verschlafen sie einfach.

Koala: Das in Australien heimische Beuteltier schläft täglich **20-22 Stunden**. So kann es am besten Energie sparen. Wach ist es eher nachts, dann frisst der Koala Eukalyptusblätter.

Taschenmaus: Die Nagetiere schlafen in ihren verwinkelten Höhlensystemen **bis zu 20 Stunden** täglich, sind nur nachts wenige Stunden aktiv, um Nahrung zu sammeln, Körner, Insekten oder Würmer. Ist es kalt oder nass, bleiben sie einfach im Untergrund – und dösen.

Faultier: Es lebt vorwiegend in Baumkronen und bewegt sich, wenn überhaupt, extrem langsam hangelnd an den Ästen entlang. Es frisst fast ausschließlich Blätter, weshalb Faultiere die meiste Zeit auch damit beschäftigt sind, die faserige Kost zu verdauen. Faultiere haben gemäß ihrer Größe die niedrigste Stoffwechselrate aller Säugetiere. **20 Stunden pro Tag** schlafen sie.

Gürteltier: Es sieht ein bisschen aus wie eine riesige Kellerassel. Das in Savannen und Wäldern Südamerikas lebende Tier schläft bis zu **19 Stunden täglich** in einem unterirdischen Bau, nur nachts wacht es auf und sucht Nahrung. Gürteltiere gibt es seit 60 Millionen Jahren, sie sind ein Erfolgsmodell der Evolution.

Opossum: Die Beutelratten sind nachts aktiv. Sie schlafen ebenfalls **19 Stunden pro Tag.** Und sind auch sonst sehr vorsichtig, bei jeglicher Gefahr stellen sie sich tot (also quasi schlafend). Sie haben ebenfalls ein spezielles Merkmal: Sie sind immun gegen Schlangengifte – weshalb sich Forscher sehr für diese Säugetiere interessieren.

Lemur: Sie schlafen in Nestern oder Baumhöhlen, manchmal auch (im Winter) in sicheren Erdhöhlen, **16 Stunden pro Tag** halten die Primaten ihre Augen geschlossen.

Katze: Hauskatzen schlafen bis zu **16 Stunden täglich,** meist aufgeteilt in mehrere Schlafphasen. Ältere Tiere dösen am längsten, auch die Jahreszeiten spielen eine Rolle: Ist es kühler, verlängern sich die Ruhezeiten. Rekordhalter bei den Katzen sind die Großkatzen, ältere Löwen schlafen bis zu **18 Stunden pro Tag.**

Fledermaus: Sie schlafen bis zu **16 Stunden täglich,** und zwar kopfüber. An ihren Beinen haben sie eine spezielle Sehne mit winzigen Widerhaken, diese können an Felsvorsprüngen an Höhlendecken quasi einrasten, so hängen und schlafen sie dann, ohne Kraft aufzuwenden.

WARUM GIBT ES TAGES- UND JAHRESZEITEN?

Wir auf der Erde haben ziemliches Glück. Unser Planet kreist verlässlich um die Sonne. Das liegt daran, dass diese ein Einzelstern ist. In vielen Galaxien sucht man vergeblich nach so einer Konstellation. Knapp zwei Drittel aller sonnenähnlichen Sterne befinden sich in Mehrfachsternsystemen. Die begleitenden Planeten bewegen sich dann eher chaotisch um die Sterne. Mögliche Bewohner müssten mit wilden Temperaturschwankungen klarkommen – die aber sind Gift für jede Art von Evolution.

Die Erde rast im Schnitt mit 30 Kilometer pro Sekunde auf einer Ellipse um die Sonne. Das bedeutet, wir sind mal ein bisschen näher an der Sonne, mal ein bisschen weiter weg. Je näher die Erde an der Sonne ist, umso schneller fliegt sie auf ihrer Bahn. Aber die Sonnenentfernung ist nicht der Grund für die Jahreszeiten. Wäre das so, hätten wir überall auf der Erde dieselbe Jahreszeit. Richtig groß sind die Abweichungen von der Kreisbahn eh nicht – ein weiterer Vorteil für uns, denn die ankommende Sonnenenergie (und damit die Wärme) bleibt relativ konstant.

Die Ursache für die wechselnden Jahreszeiten hat mit der Neigung der Erdachse zu tun. Die Achse ist um 23,4

Grad gegen die Bahnebene gekippt. Wie ein Kreisel dreht sich die Erde um sich selbst. Achsneigung und Drehgeschwindigkeit bleiben während des gesamten Umlaufs um die Sonne konstant. Im Sommer zeigt die Erdachse auf der Nordhalbkugel in Richtung Sonne, dann sind die Tage länger als die Nächte, im Winter weist sie weg von der Sonne, dann ist es umgekehrt. Im Frühjahr und Herbst gibt es jeweils einen Moment, an dem Tage und Nächte exakt gleich lang sind, das ist der Beginn des astronomischen Frühlings und Herbstes.

30 bis 40 Kilometer bewegt sich der Frühling in Europa täglich Richtung Norden.

Tageszeiten und der Einfluss des Mondes

Für unser tägliches Leben ist die Kreiselbewegung der Erde entscheidend, sie bestimmt die Dauer des Tages. Den größten Einfluss darauf hatte und hat immer noch der Mond. Er stabilisiert die Erdachse, sonst würden die Jahreszeiten schon mal leicht aus dem Gleichgewicht geraten, wenn etwa der Mars nahe vorbeizieht. Wenn man bedenkt, dass selbst das Erdbeben, das zur Katastrophe in Fukushima führte, die Erdachse um 11 Zentimeter verschob, ahnt man, was gewaltige Einschläge größerer Himmelskörper einst bewirkten.

Die Rotationsdauer der Erde lag nicht immer bei knapp 24 Stunden. Als die Ur-Erde vor rund 4,5 Milliarden Jahren mit einem marsgroßen Planeten zusammenrauschte, veränderte sie sich gewaltig. Aufgrund der Kollision beschleunigte die Erde so stark, dass der Tag damals nur noch 14 Stunden dauerte. Auch der dabei entstandene Mond drehte sich deutlich schneller als heute. Seit diesem Zeitpunkt bremsen sich die beiden Himmelskörper gegenseitig ab, die Tage wurden langsam länger.

WARUM WIR IMMER AUF DIESELBE SEITE DES MONDES SCHAUEN

Die Erde bremste den Mond über Jahrmilliarden durch ihre deutlich höhere Masse, und zwar so lange, bis beide Himmelskörper den aktuellen Gleichklang erreichten. Astrophysiker nennen diesen Zustand »gebundene Rotation«. Die Eigendrehung des Mondes ist also unmittelbar an seinen Umlauf um unsere Erde gekoppelt. Wir auf der Erde schauen deshalb immer auf die gleiche Seite des Mondes. Genau genommen sehen wir 59 Prozent, was damit zu tun hat, dass der Mond die Erde aufgrund seiner elliptischen Bahn um die Erde mal langsamer und mal schneller umrundet und uns deshalb mal mehr die östliche und mal mehr die westliche Seite zeigt. Da zudem die Mondbahn leicht schräg zur Erdbahnebene läuft, lassen sich auch nördlichere und südlichere Bereiche beobachten. Die Rückseite kennen wir nur von Sondenaufnahmen.

Der Mond dreht sich heute von der Sonne aus betrachtet im Lauf von 29 Tagen, 12 Stunden und 44 Minuten einmal um sich selbst, das ist die Zeit, die er von Vollmond zu Vollmond braucht. Ein Tag auf dem Mond dauert also einen Monat auf der Erde. Für einen Betrachter auf dem Mond wäre es die Zeit von Mitternacht zu Mitternacht. Diese sogenannte synodische Umlaufzeit ist etwas länger als die siderische Umlaufzeit von 27,32

Tagen, die der Mond tatsächlich um die Erde braucht. Der Grund: Die Erde ist mittlerweile auf ihrem Weg um die Sonne etwas weiter gewandert, was zu einem anderen Winkel führt. Der Erdtrabant muss also noch rund zwei Tage weiterwandern, bis er wieder im gleichen Winkel zu Erde und Sonne steht.

Der Mond bremst umgekehrt auch die Erde, jährlich werden die Tage um 0,016 Millisekunden länger, in 100 000 Jahren verlangsamt sich die Erddrehung um 1,6 Sekunden. Dabei überträgt die Erde gleichzeitig den Drehimpuls auf den Mond, weshalb dieser sich jährlich um 3,8 Zentimeter von der Erde entfernt, das ist ungefähr so viel, wie Haare pro Jahreszeit wachsen.

WIE IST UNSERE ERDE ENTSTANDEN?

Auch wenn der Alltag uns andere Wichtigkeiten vorgaukelt, unsere Existenz beruht nicht auf technischem Fortschritt. Eine fast unendliche Reihe von Zufällen ließ uns entstehen. Alles begann damit, dass am Rand einer ziemlich durchschnittlichen Galaxie eine Wolke aus Staub und Gas kollabierte und ein ziemlich durchschnittlicher Stern entstand – und mit ihm auch unsere Heimat. Nichts Besonderes also. Für uns durchaus. Wir sind Kinder dieses Zufalls.

Was vor 4,6 Milliarden Jahren geschah

Am Anfang unseres Sonnensystems (auch anderer vergleichbarer Sternensysteme) existiert irgendwo im Weltraum (in unserem Fall: in der Galaxie Milchstraße) eine dichte Staub- und Gaswolke mit vielen schweren Elementen wie Sauerstoff, Kohlenstoff oder Stickstoff. Ein neuer Stern im Zentrum der Wolke entsteht immer dann, wenn diese instabil wird und aufgrund der Schwerkraft zusammenschnurrt. Bei schweren und dichten Wolken ist in der Regel so viel Masse vorhanden, dass der Druck aufgrund der Schwerkraft ausreicht, um im Inneren des jungen Sterns ein Feuer zu zünden. Wasserstoffatome verschmelzen dabei zu Helium und geben Energie frei.

Steckbrief Sonne

Unser Leben hängt von einem durchschnittlichen Stern im äußeren Drittel der Milchstraße ab. 1,4 Millionen Kilometer misst er im Durchmesser, die Erde würde 1,3 Millionen Mal hineinpassen. Die Sonne dreht sich wie die Erde um sich selbst, am Äquator braucht sie 25 Tage für eine Umdrehung, an den Polen 35 Tage. Sie besteht zu drei Viertel aus Wasserstoff und zu knapp einem Viertel aus Helium. Diese beiden Stoffe sichern unser Überleben.

In ihrem Inneren brennt ein Höllenfeuer, 1,5 Millionen Grad Celsius heiß, 600 Millionen Tonnen Wasserstoff pro Sekunde verschmelzen dort zu Helium. Ein Gramm würde reichen, um die Energie einer Atombombe zu liefern. An der Oberfläche ist es immerhin noch 6000 Grad heiß.

Gewaltige Mengen an Energie werden frei, die die Sonne bisweilen in heißen Bogen Zehntausende Kilometer ins All schleudert. Sekunde für Sekunde strahlt sie 110 Trillionen Kilowatt ab. Diese Energie würde ausreichen, um den Energiebedarf der Menschheit eine Million Jahre lang zu decken. Gut 150 Millionen Kilometer ist das Licht der Sonne zu uns unterwegs und braucht dafür acht Minuten.

Weitere sechs Milliarden Jahre wird das noch so gehen, dann geht der Brennstoff in der Sonne zur Neige. Kurz darauf wird sich die Sonne zu einem Roten Riesen aufblähen. Ihr Licht scheint dann rötlich, sie wächst und frisst erst den Merkur, dann die Venus und schließlich auch die Erde. Wenn die Menschheit dann noch existiert und keinen Weg gefunden hat, die Erde in Richtung eines anderen Sonnensystems zu verlassen, ist dies das Ende.

Der Anfang eines Sternensystems

Als sich unsere junge Sonne bildet, frisst sie nicht die gesamte Materie aus der Wolke. Ein Rest aus Gas und Staub dreht sich weiter und formt aufgrund der Rotationskräfte eine Scheibe um die Sonne. Dies ist die Geburtsstube der Planeten, auch der Erde. Astrophysiker nennen diese Scheibe die protoplanetare Scheibe, sie kommt in allen jungen Sternensystemen vor. Sie ist das Hauptforschungsgebiet der Astrophysikerin Barbara Ercolano. Was in solchen protoplanetaren Scheiben, auch in der unseres damals noch jungen Sonnensystems, im Lauf der nächsten Jahrmillionen passiert, erläutert sie mir in ihrem Büro in der Münchner Sternwarte an einer Tafel. Es ist eine Freude, ihr zuzuhören, und ich ertappe mich dabei, wie ich kurz an mein Physikstudium an der TU München denke und im Nachhinein noch mehr bedauere, dass ich damals keiner einzigen Professorin begegnet bin, die so toll unterrichten konnte (ich weiß nicht, ob es damals überhaupt eine Physikprofessorin an der TU gab).

Barbara Ercolano zeichnet minutenlang einen Stern mit Scheibe und Planeten, Kurven physikalischer Parameter, Teilchen, die strahlen, und solche, die verdampfen. Den Stern (unsere Sonne) in der Mitte malt sie wie einen Weihnachtsstern. Die Italienerin erzählt von einem Schlüsselmechanismus, den die Forscher »Photoevaporation« nennen. Der Vorgang erklärt, warum bestimmte Zonen in der Scheibe frei von Gas und Staub sind, etwas, was man in vielen Sternensystemen beobachtet. Die Teilchen geraten durch sehr energiereiche Photonen aus dem Stern regelrecht unter Beschuss. Trifft so ein Lichtteilchen auf ein Gas- oder Staubteilchen, überträgt es seine Energie und beschleunigt das beschossene Teilchen so auf Geschwindigkeiten, die ausreichen, um das Schwerefeld der Scheibe zu verlassen. Sendet der Stern sehr energiereiche Strahlung im ultravioletten Bereich und im Röntgenbereich aus, verdampfen die Teilchen regelrecht. So entstehen Lücken in der Scheibe. Diese sind extrem wichtig, denn sie sorgen dafür, dass eben erst weiter draußen in der protoplanetaren Scheibe entstandene Planeten nicht weiter in Richtung Muttersonne wandern können. Ohne sie würde der Stern seine jungen Planeten fressen – was relativ häufig passiert.

Das Wunder Erde

In dieser Phase haben unsere Erde und die anderen Planeten schon einen langen Weg hinter sich. Anfangs stoßen winzige, wenige Mikrometer kleine Teilchen zufällig zusammen, gehen chemische Verbindungen ein oder kleben mit Hilfe elektrischer Anziehungskräfte zusammen. Gleiches passiert mit den Gasteilchen, erste Kristalle formen sich. Die Gravitation spielt noch keine wichtige Rolle, sie sorgt nur dafür, dass sich die Teilchen eher spüren. Allmählich bilden sich Körner, dann größere Felsbrocken, und irgendwann rasen kilometerhohe Berge zusammen mit Abermillionen anderer steinerner Inseln und Felsen in verschiedensten Umlaufbahnen um den Stern. Manchmal stoßen größere Brocken zusammen und zerspringen wieder in Bruchstücke. Meistens fliegen die Teilchen aneinander vorbei.

Nach Jahrmillionen aber sind an verschiedenen Orten in der protoplanetaren Scheibe Planetesimale entstanden, Vorläufer von Planeten, die immer weiter kleinere Teilchen einsammeln und irgendwann tatsächlich zu größeren Fels-, Eis- oder Gasplaneten (wie Saturn oder Jupiter) werden. Weiter weg vom Mutterstern funktioniert das oft am besten, weil dort noch am meisten Materie schwebt. Größere planetare Körper pflügen Lücken und Ringe in die Scheibe, die Planeten ziehen langsam nach innen.

Insgesamt existieren protoplanetare Scheiben maximal zehn Millionen Jahre, nur in dieser Zeit konnte die Erde entstehen. Danach ist aber auch die Gefahr für bereits existierende Planeten vorbei, noch von der Muttersonne gefressen zu werden.

In unserem Sonnensystem machen es sich – in respektvollem Abstand zur Sonne – die vier Felsplaneten Merkur, Venus, Erde und Mars gemütlich. Es fällt auf, dass sich mit Ausnahme von Venus und Uranus alle Planeten in die gleiche Richtung drehen. Dies zeigt, dass sie alle aus der gleichen, sich drehenden Gas- und Staubscheibe entstanden sind und den größten Teil des Drehimpulses aufgenommen haben. Beim Zusammenziehen nahm die Eigendrehung der Gaswolke zu. Das ist ein Effekt, wie man ihn auch vom Schlittschuhlaufen kennt. Wenn man mit ausgestreckten Armen eine Pirouette dreht (für mich ist das reine Theorie) und dann langsam die Arme am Körper anlegt, rotiert man schneller (aufgrund der Drehimpulserhaltung, sagen Physiker). Der Großteil des Drehimpulses steckt in der Bahnbewegung, ein kleinerer Teil in der Eigenrotation der Planeten und ihrer Monde und nur 0,5 Prozent in der Sonne.

Sobald die Scheibe weg ist, können sich die Planeten auf ihren unterschiedlichen Bahnen nur noch gegenseitig beeinflussen. Zwischen den Planeten befinden sich zu diesem Zeitpunkt noch andere größere Himmelskörper, Asteroiden, Zwergplaneten, Kometen. Dabei wird auch noch der eine oder andere Planet aus dem System geschleudert und treibt dann einsam durchs All. Oder es gibt gewaltige Einschläge und Kollisionen, die jeweils Einflüsse auf fundamentale Dinge haben können: auf die Neigung der Planetenachse (entscheidend für mögliche Jahreszeiten), auf die Schnelligkeit der Eigenrotation (diese Kreiselbewegung bestimmt die Dauer eines Tages), auf die Atmosphäre und das Klima des Planeten, auch auf sein Magnetfeld, ja sogar auf die Bahnbewegung um den Mutterstern. Dass die Venus einen anderen Drehsinn hat, ist wohl dem gewaltigen Einschlag eines Asteroiden zu verdanken. Das sind dramatische Ereignisse in Dimensionen, die wir uns vermutlich gar nicht vorstellen können. Dagegen sind manche heutigen Science-Fiction-Szenarien mit nahenden Asteroiden Kinderkram.

Ein solch dramatisches Ereignis reißt auch unseren Mond aus der Erde. Der gängigsten Theorie zufolge entsteht er nach einem heftigen Zusammenstoß der Protoerde mit einem etwa marsgroßen Himmelskörper namens Theia, der etwas unglücklich ihre Bahn kreuzt. Es ist nicht der einzige, aber sicher der folgenschwerste Treffer. Planeten und Monde, die geologisch an der Oberfläche nicht mehr aktiv sind, zeigen die Spuren kleinerer und mittlerer Einschläge. So sind beispielsweise der Mars und unser Mond übersät mit Kratern, es sieht aus wie nach einem Dauerbombardement. Auf der Erde sind nur noch wenige dieser Krater zu sehen, etwa im Nördlinger Ries oder auf der mexikanischen Halbinsel Yucatan, wo einst ein Meteorit einschlug und wohl das Zeitalter der Dinosaurier beendete.

Erst nach und nach entsteht im Sonnensystem ein stabiles Gefüge mit Bahnen, auf denen sich die Planeten nicht mehr großartig stören.

Drehen sich alle Planeten um sich selbst?

Ja, die Rotation ist ein Relikt aus der Frühzeit des Sonnensystems. Manche Planeten wie der Merkur, der sonnennächste aller Planeten unseres Sonnensystems, kreiseln aber extrem langsam. Der Merkur schafft im Lauf eines Sonnenumlaufs nur 1,5 Umdrehungen um sich selbst. Drei Tage auf dem Merkur dauern also zwei

Merkurjahre. Nur alle 176 Erdentage geht auf dem Planeten die Sonne auf, sie wandert so langsam über den Merkurhimmel, dass man die Bewegung vom Boden aus gar nicht registrieren würde. Während dieses langen Merkurtags gibt es ein schönes Schauspiel am Himmel. Die Sonne scheint auf dem Weg zu ihrem Zenit zunächst größer zu werden, stoppt dann am höchsten Punkt am Himmel, läuft sogar kurz wieder zurück und bewegt sich dann erst weiter. Der Grund: Die Merkurbahn ist sehr exzentrisch, und je näher der Merkur der Sonne kommt, umso mehr wird er beschleunigt.

DIE KRAFT DES MONDES ODER WARUM ES EBBE UND FLUT GIBT

Der Mond ist für uns das hellste Objekt am Nachthimmel. Er schimmert genauso hell wie eine Kerze, die 1,8 Meter von uns entfernt steht. Das Licht, das wir sehen, ist das reflektierte Sonnenlicht. Das Leuchten fasziniert die Menschen schon seit Urzeiten, die ersten Kalender der Menschheitsgeschichte waren am Mondzyklus ausgerichtet. Bis das Feuer erfunden wurde, war der Mond das wichtigste Licht in der Nacht. Eigentlich könnte der Mond viel heller strahlen, doch eine vier bis zehn Meter dicke Staubschicht bedeckt seine Oberfläche. Er strahlt deshalb nur 7 Prozent des Sonnenlichts zurück. Zum Vergleich: Die Erde reflektiert rund 39 Prozent, vor allem wegen der Wolken und der Eisflächen.

Ebbe und Flut

Der Mond sorgt auch für Ebbe und Flut, er zieht aus 384 000 Kilometer Entfernung das Wasser der Meere an.

Da der Mond jeden Tag rund 50 Minuten später auf- und untergeht, verschieben sich auch die Gezeiten entsprechend. Man kann das gut beobachten, wenn man mehrere Tage hintereinander am gleichen Strand sitzt, wann das Meer am weitesten in Richtung des eigenen Strandtuches vordringt. Vom tiefsten zum höchsten Meeresspegel dauert es etwas mehr als 12 Stunden. Wie hoch die Flut steigt, hängt auch von der Küstenform ab, in schmal zulaufenden Küstenregionen ist sie besonders hoch.

Wenn Sonne, Erde und Mond bei Vollmond oder Neumond auf einer Linie stehen, sind die Gezeitenkräfte am stärksten, es kommt zu Springfluten. Den Rekord für den größten Tidenhub, den Abstand des Meeresspiegels zwischen Ebbe und Flut, hält die Bay of Fundy in der kanadischen Provinz Nova Scotia mit 21,6 Meter Differenz, gemessen nach einem Sturm im Jahr 1869.

Übrigens wird nicht nur das Meer angehoben, auch die Erde unter uns bewegt sich im Takt der Gezeiten. In Europa etwa hebt und senkt sich der Boden täglich um etwa 80 Zentimeter, was wir nicht spüren.

Warum gibt es zwei Flutberge?

Der zweite Flutberg gab Forschern lange Rätsel auf. Er entsteht immer parallel mit dem ersten auf der dem Mond abgewandten Seite. Hier spielen die Fliehkräfte eine Rolle, die bei der Rotation des Systems Erde-Mond entstehen. Mond und Erde sind physikalisch betrachtet ein Doppelsystem zweier Körper, die um einen gemeinsamen Schwerpunkt rotieren. Das kann man sich wie eine Hantel vorstellen. Auf der mondabgewandten Seite gibt es deshalb ebenfalls ein weiteres Gezeitenmaximum.

WIE KAM DAS WASSER AUF DIE ERDE?

Eigentlich gehen Forscher davon aus, dass das Wasser im Sonnensystem eher in den eisigen Außenbezirken entstanden ist und mit Kometen und Asteroiden auf die Erde kam. Doch ganz sicher ist das nicht. Denn Geologen konnten anhand der ältesten Gesteine nachweisen, dass es auf der Erde schon vor 4 Milliarden Jahren, also etwa 600 Millionen Jahre nach ihrer Entstehung, flüssiges Wasser gab. Wie dieses Wasser entstand, ist noch unklar. Entweder gasten es irdische Vulkane bei ihren gewaltigen Eruptionen aus. Der Wasserdampf kühlte danach ab und bildete einen großen Ozean. Oder Kometen und Asteroiden gaben bei der Kollision mit der Erde Wasserdampf frei. Neueste Forschungen weisen eher darauf hin, dass die Kometen hier doch keine Rolle spielten. Wie Messungen der Raumsonde Rosetta am Kometen 67P/Tschurjumow-Gerassimenko, kurz Tschuri, zeigen, passt der Fingerabdruck des dort vorhandenen Wassers nicht zum Wasser irdischer Ozeane. Kometen scheiden demnach wohl als Quelle aus. Asteroiden gelten nun als wichtige Wasserquelle.

KANN ES EINE ZWEITE ERDE GEBEN?

Das grobe Bild der Planetenentstehung ist für die Forscher gelöst, doch es gibt sehr viele Rätsel im Detail. Um ein genaueres Bild der zeitlichen Abläufe zu erhalten, arbeiten die Forscher immer mehr mit Simulationen. »Sie zeigen uns, welche Schicksale Planeten erleiden, die in unterschiedlichen Distanzen zu ihrem Stern geboren werden – und mit welcher Wahrscheinlichkeit ein Planet wie die Erde entstehen kann«, sagt Ercolano.

Klar ist mittlerweile: Wir sind nicht allein im Universum. Mehr als 5000 Planeten außerhalb unseres Sonnensystems haben Astronomen vor allem mit Hilfe des Teleskops Kepler inzwischen entdeckt. Die fernen Welten beeindrucken mit allen möglichen Größen, Dichten und Umlaufbahnen. Im Sternbild des Krebses beispielsweise wollen die Forscher sogar schon eine Super-Erde aus reinen Diamanten und Kohlenstaub entdeckt haben. Immer mehr Sterne, Doppel- und sogar Vierfachstern-Systeme mit Planeten tauchen auf. Letzteres würde bedeuten, dass von diesem Exoplaneten aus vier Sonnen am Himmel zu sehen wären – eine unglaubliche Vorstellung.

»Planeten wie die diamantenreiche Super-Erde sind nur ein Beispiel für die vielen Entdeckungen, die uns bei der Suche nach fremden Planeten noch erwarten«, sagt der Astronom David Spergel von der Universität Prince-

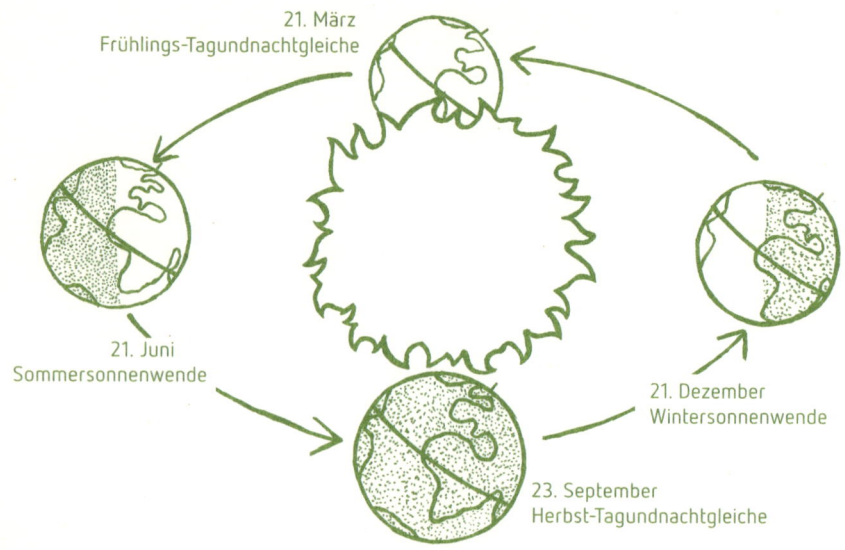

21. März
Frühlings-Tagundnachtgleiche

21. Juni
Sommersonnenwende

21. Dezember
Wintersonnenwende

23. September
Herbst-Tagundnachtgleiche

ton. Allein in unserer Galaxie, der Milchstraße, gibt es etwa 250 Milliarden Planeten. Und das Universum besteht aus mehr als hundert Milliarden Galaxien. Mittlerweile bestätigten Astronomen, dass fast alle Sterne auch Planetensysteme um sich haben.

Jedes Sternensystem scheint dabei anders zu sein. Gemeinsam ist allen eine Architektur aus Felsplaneten und Gasriesen. Mal sind die großen Gasplaneten eher auf den inneren Bahnen, mal die Gesteinsplaneten; mal sind es nur ein oder zwei Planeten, mal gut ein Dutzend; mal haben sie keine Monde, mal bis zu einhundert. All die neuen Erkenntnisse heizen die Frage an, ob es dort draußen unter all den Exoplaneten nicht vielleicht auch einen zweiten Blauen Planeten geben könnte. Als bewohnbaren Bereich definieren Physiker die Zone, in der Wasser in flüssiger Form vorliegen kann, als Basis für Leben, wie wir es kennen. Auch in unserem Sonnensystem gibt es Orte, an denen Wasser war oder noch ist. Die Nordhalbkugel des Mars bedeckte einst wohl ein riesiger, 150 Meter tiefer Ozean. Auf dem Jupitermond Europa schlummert unter einem dicken Eispanzer ein enormes, kilometertiefes Meer.

Es kann also durchaus eine zweite Erde geben. Astrophysiker sind hier ganz zuversichtlich. Sie können mittlerweile ferne Planeten beobachten, wenn sie an ihren Muttersternen vorbeifliegen, und dabei Dichte und Bahngeschwindigkeit messen. Die Helligkeit des Mutterplaneten ändert sich dann beispielsweise, und diese winzige Schwankung ist gut zu erfassen. So können wir mit immer genaueren Teleskopen aus einer Entfernung von Dutzenden Lichtjahren grundlegende Daten über ferne Welten erhalten: die Dichte des Planeten, seine Größe, wie schnell er sich auf seiner Bahn bewegt – und möglicherweise bald auch, ob er wie unsere Erde eine Atmosphäre hat. »Eine zweite Erde existiert mit Sicherheit, wenn man nur Größe, Dichte und Abstand zum Mutterstern berücksichtigt«, sagt Barbara Ercolano. »Damit solche Exoplaneten wirklich die gleichen Eigenschaften haben wie unsere Erde und sogar Leben ermöglichen, muss aber schon sehr viel passieren.« Man wisse beispielsweise fast gar nichts über die Atmosphäre von Exoplaneten.

Barbara Ercolano sagt am Ende des Besuchs einen schönen Satz: »Planeten entstehen nur in friedlichen, ruhigen Wolken.« Also wissen wir, dass eine zweite Erde – so wir sie denn finden sollten – in einer friedlichen Wolke liegen wird. Benennen dürfen wir sie übrigens jetzt schon mal. Die Internationale Astronomische Union (IAU) sucht Namen für rund 300 Planeten. Auf der Webseite: www.nameexoworlds.org kann seit Juni 2015 die gesamte weltweite Öffentlichkeit über die besten Namen abstimmen.

DIE GENAUESTE UHR DER WELT

Amerikanische Wissenschaftler vom National Institute of Standards and Technology entwickelten im Jahr 2015 die nunmehr genaueste Uhr der Welt. Erst nach 15 Milliarden Jahren geht eine Strontium-Gitter-Uhr um eine Sekunde falsch, sie hätte also seit dem Urknall nie nachgestellt werden müssen. Das sind die Uhren der Zukunft, die den Takt der Welt bestimmen, indem sie unsere Zeit mit unvorstellbarer Genauigkeit messen. Haupttaktgeber ist das Bureau International des Poids et Mesures in Paris, dort steht quasi die wichtigste Uhr der Welt, eine Atomuhr, die mit Cäsiumatomen arbeitet. Solche Uhren sind die Basis für unsere offizielle Zeitmessung, die Koordinierte Weltzeit UTC genauso wie für die in den einzelnen Regionen der Welt geltende Zeit. In Europa ist das die Mitteleuropäische Zeit (MEZ), kontrolliert wird sie in Deutschland von der Physikalisch Technischen Bundesanstalt in Braunschweig. Weltweit gibt es 70 Institute mit insgesamt 400 Atomuhren.

Was ist der Unterschied zwischen einer Armbanduhr und einer Atomuhr?

Armbanduhren gibt es als Quarzuhren oder mechanische Uhren. Bei einer Quarzuhr gibt – wie der Name schon sagt – ein Quarz in Form einer kleinen Stimmgabel den

Takt vor. Eine elektronische Schaltung bringt ihn zum Schwingen, typischer mit einer Frequenz von 32 768 Hertz (Schwingungen pro Sekunde). Je höher die taktgebende Schwingung ist, umso genauer geht eine Uhr. Obwohl 32 768 Schwingungen pro Sekunde nach sehr viel klingen, führen sie zu einer leichten Abweichung von der tatsächlichen Zeit. Im Monat können da leicht zehn bis 30 Sekunden zusammenkommen. Je weniger Temperaturschwankungen herrschen, umso genauer geht so eine Uhr. So kann also ein und dieselbe Uhr je nach Träger und Aufenthaltsort mal genauer und mal ungenauer gehen.

Um Zeitfehler auszugleichen, haben Quarzuhren oft eine Verbindung zum Funksignal eines Zeitzeichensenders (das ist im Endeffekt das Signal der genauen Atomuhren) oder über Bluetooth oder USB-Kabel zu einem Internet-Zeitserver. Dann stellen sie die Abweichung wieder auf null. Den Strom für die Quarzuhren liefern Batterien oder Solarzellen, größere Uhren etwa in Bahnhöfen oder öffentlichen Einrichtungen sind auch ans Stromnetz angeschlossen.

Eine mechanische Uhr dagegen ist ein komplett unabhängiges System. Die Energie, die das Räderwerk und die Zeiger der Uhr antreibt, wird mechanisch erzeugt, das Drehen am seitlichen Rädchen außen liefert sie. Teure Uhren haben auch eine Aufziehautomatik: Bewegt der Träger die Arme beim Gehen, versetzt das einen Rotor im Inneren der Uhr in Bewegung, der so die Uhrenfeder aufzieht. Genaue mechanische Uhren sind technische Meisterwerke. Räder in mehreren Getrieben greifen exakt ineinander, sie laufen mit gleichbleibender Winkelgeschwindigkeit.

Auch bei mechanischen Uhren hat die Nutzung einen Einfluss. So ist es ein Unterschied, ob man sie permanent trägt oder nachts ablegt. »Die Ganggenauigkeit ist sehr stark abhängig von den individuellen Gewohnheiten des Trägers und kann deshalb variieren«, sagen die Uhrmacher des deutschen Herstellers Glashütte. Dauerhaftes Tragen ist in der Regel besser, weil es relativ gleichbleibende Rahmenbedingungen schafft (außer beim Sport, wo schnelle, hektische Bewegungen oder Erschütterungen ebenfalls den Gang der Uhr beeinflussen können). Auch Temperatur- und Luftdruckveränderungen wirken sich aus. Im Sommer gehen diese Uhren normalerweise etwas langsamer als im Winter. Zudem wirken sich auch magnetische Felder – etwa in der Nähe von Induktionsherden – auf mechanische Uhren aus. Magnetisierte Uhren gehen oft plötzlich stark vor.

Gute Uhren haben eine Gangabweichung von weniger als zehn Sekunden pro Tag. Bemerkt man bei seiner Uhr, dass sie regelmäßig vor- oder nachgeht, lässt sich dieser Fehler beheben. Wir haben also gesehen, dass solche mechanischen Uhren zwar technische Meisterwerke sind, aber ihre Fehler trotzdem im Sekundenbereich liegen. Vielleicht lässt das schon erahnen, welcher Aufwand hinter Atomuhren stecken muss, damit sie eine Sekunde nicht pro Tag, sondern in Milliarden von Jahren verlieren.

Wie funktioniert eine Atomuhr?

Für unsere mitteleuropäische Zeit sind Cäsiumuhren verantwortlich. Solche Atomuhren sind deutlich weniger handlich als unsere Armbanduhren, sie sind wohnzimmergroß. Sie ticken auch nicht mehr, die Cäsiumatome schwingen fast zehn Milliarden Mal pro Sekunde, unvorstellbar für uns und völlig unhörbar. Bereits seit 1967 definieren Physiker die Dauer einer Sekunde über das Isotop Cäsium-133.

Bei Atomuhren regt Strahlung einer ganz exakt definierten Frequenz Atome einer bestimmten Sorte an und löst so Übergänge von Elektronen zwischen verschiedenen Energieniveaus aus. Im Fall der Cäsiumuhr durchfliegen Cäsiumatome ein zwei Meter langes Rohr, in dem Vakuum herrscht. Sie werden dabei mit Mikrowellen bestrahlt. Ähnliche Mikrowellen kommen auch im Mobilfunk oder im Mikrowellenherd zum Einsatz, in der Atomuhr aber eben nur mit einer ganz bestimmten Wellenlänge. Treffen sie auf die Cäsiumatome, springen diese auf ein höheres Energieniveau, sie wechseln ihren Zustand. Bei wie vielen Atomen das klappt, kann man messen. Eine maximale Ausbeute ist gleichbedeutend damit, dass man den atomaren

Übergang optimal getroffen hat. Genau diese optimale Frequenz der Mikrowellenstrahlung muss man halten und zählen. Dies funktioniert mit Hilfe einer komplexen elektronischen Schaltung und eines Schwingquarzes. So lässt sich auch die Zeitspanne von einer Sekunde festlegen. Sie entspricht der 9 192 631 770-fachen Periodendauer einer Schwingung in der Uhr.

Die Genauigkeit dieser frühen Generation von Atomuhren – die ersten haben Forscher im Jahr 1949 gebaut – ist aber durch die Eigenschaften der Cäsiumatome beschränkt. Deshalb dienen in der neuen Rekorduhr einige tausend Strontiumatome als Taktgeber. Diese Uhrengeneration wird in wenigen Jahren auch offiziell die Zeit mit Hilfe eines Lichtfeldes messen (noch fehlt die Stabilität der Uhr über längere Zeiten). Dazu vergleicht man die Lichtschwingungen des Lasers mit einer speziellen Frequenz der Strontiumatome, es sind prinzipiell auch andere Elemente wie Aluminium, Ytterbium oder Quecksilber möglich. Diese Elemente wählt man, weil sie Licht im sichtbaren Bereich absorbieren, also Licht mit kürzeren Wellenlängen als Mikrowellen. Das bedeutet, dass die Frequenzen entsprechend bis 100 000-fach höher sind, die Werte hängen unmittelbar zusammen. Das wiederum macht die Uhr genauer.

Wie baut man die genaueste Uhr der Welt?

Wer einmal in so ein Labor schaut, wird darin nichts finden, was nur annähernd an eine Uhr erinnert. Kein Pendel, keine Zeiger, nirgends. Stattdessen sieht man eine zerklüftete Landschaft aus unzähligen Linsen, Spiegeln, Blenden, Schaltern, Glasfaserkabeln und auch sonst noch allerlei Kleinteilen. Auf den ersten Blick wirkt die Szene wie eine Modelleisenbahn-Miniaturwelt, nur dass hier anstelle von Zügen Licht auf die Reise geht.

So sieht die Uhr der Zukunft im Moment noch aus. Inmitten dieses geordneten Chaos ist eine Edelstahl-kammer mit einem Fenster, und irgendwo da drinnen in der Mitte der Vakuumkammer sind einige tausend Strontiumatome in einem winzigen, nur 0,03 mal 0,03 Millimeter großen Bereich eingesperrt. Allerdings muss der Atomuhrenbauer dafür zunächst einige Tricks anwenden. Er muss die Strontiumatome mit Hilfe von Lasern auf extrem tiefe Temperaturen von nur noch einigen millionstel Kelvin kühlen, das sind Temperaturen nahe dem absoluten Nullpunkt von minus 273,15 Grad Celsius. Er bringt sie so zur Ruhe und hält sie dann in einem Lichtgitterkäfig aus gekreuzten blauen Laserstrahlen gefangen, eine technische Meisterleistung. Intensives Laserlicht bildet mit optischen Gitterplätzen den Käfig für einige tausend der tiefgekühlten Atome. Innerhalb dieser Lichtgitter können sich die Atome praktisch nicht mehr bewegen. Das stabile rote Licht eines weiteren Lasers regt dann die eingesperrten und isolierten Strontiumatome an, der Übergang entspricht bei Strontium einer Frequenz von 430 Billionen Schwingungen pro Sekunde. Diese Frequenz des anregenden roten Lasers misst man und versucht, sie exakt auf der sogenannten atomaren Resonanz zu halten. Es ist quasi das Ticken der Uhr.

Bis vor wenigen Jahren konnten die Atomuhrenbauer solch hohe Frequenzen noch gar nicht messen. Das ist erst möglich, seit der Münchner Physiker Theodor Hänsch eine neue Apparatur entwickelt hat, wofür er im Jahr 2005 zusammen mit dem Amerikaner John Hall den Nobelpreis erhielt.

Es ist sehr anspruchsvoll, die Frequenz genau zu überwachen, mit der die Strontiumatome »ticken«. Sie kann sich nämlich ändern, wenn die Uhr nur minimal erschüttert wird, wenn die Temperatur im Raum schwankt oder magnetische oder elektrische Felder vorhanden sind. Gegen all diese Einflüsse muss man den eigentlichen Schwingungsvorgang im Inneren der Uhr schützen. Ein Atomuhrenbauer muss dafür sorgen, dass das »Pendel« der optischen Uhren regelmäßig schwingt. Dafür ist die zerklüftete Modelleisenbahn-Miniaturwelt mit ihren Zügen aus blauem und rotem Licht da. Zeit wird mit Hilfe eines Lichtfelds gemessen. Nur sieben Länder der Welt können bislang solche Uhren bauen, nach den USA, Deutschland, Großbritannien, Kanada, Österreich und Japan ist China seit kurzem das siebte Land, das optische Uhren entwickeln kann. Mit einer Armbanduhr haben sie keine Ähnlichkeit – jedenfalls noch nicht. In China gibt es das erste Modell einer optischen Atomuhr fürs Handgelenk. Preis: 1500 Dollar. Im Inneren schwingt ein einzelnes Calciumatom.

Wofür braucht man so genaue Uhren?

Extrem genaue Uhren sind nicht nur für Forscher wichtig, um Naturkonstanten oder fundamentale Naturgesetze etwa im Rahmen von Einsteins Relativitätstheorie exakt zu überprüfen, wir brauchen sie auch, um die Position von Satelliten präzise zu bestimmen. Und noch eine neue Aufgabe könnten sie bald übernehmen: die Vermessung der Erde. Sie können nämlich einen sehr eigenwilligen Effekt beobachten, den Einsteins Relativitätstheorie beschreibt: Die Zeit vergeht in unterschiedlichen Höhen unterschiedlich schnell, also auf der Zugspitze anders als auf Sylt oder Rügen. Der Grund dafür ist, dass die Erdanziehungskraft sich an diesen Orten unterscheidet. Die Effekte sind winzig, doch bei der neuen Uhr machen sich bereits Höhenunterschiede von zwei Zentimetern (!) bemerkbar.

WAS BRINGEN SCHALTSEKUNDEN?

Das Jahr 2015 war eine Sekunde länger als das Vorjahr. Am 30. Juni um 23.59 Uhr und 59 Sekunden wurde nämlich eine zusätzliche Sekunde bis Mitternacht eingefügt. Das passiert im Durchschnitt alle drei, vier Jahre, zuletzt im Jahr 2012. Der Grund dafür ist, dass sich die Erde immer langsamer dreht, nicht dramatisch, aber eben doch spürbar. Die vom Mond verursachten Gezeitenkräfte bremsen die Erde, genauer gesagt bremsen sich Mond und Erde gegenseitig in ihrer gebundenen Rotation (das bedeutet, dass sich beide Himmelskörper immer die gleiche Seite zeigen und synchron zueinander um ihre Achsen rotieren). Auch große Erdbeben, etwa die, die in den Jahren 2004 und 2011 die Tsunamis vor Indonesien und Japan auslösten, verschieben riesige Massen in den Erdplatten und verändern dadurch die Drehgeschwindigkeit und auch die Drehachse der Erde minimal – mit Auswirkungen auch auf die Tageslänge. Deshalb wird die Tageslänge immer wieder korrigiert. Für uns Menschen wäre so eine leichte Abweichung von Sonnenzeit und Weltzeit verkraftbar, eine Sekunde zusätzlich alle paar Jahre würde nicht gleich die Jahreszeiten verschieben. Doch bei astronomischen Beobachtungen wirken sich auch minimale Abweichungen durchaus aus. Dann wäre nämlich die Zeit nicht mehr an die Rotation der Erde gekoppelt, und wir müssten ständig astronomische Daten umrechnen.

Informatiker sind von der unregelmäßigen Schaltsekunde nicht sonderlich begeistert. Denn sie macht in praktisch allen digital gesteuerten Prozessen Probleme. Ein Computer ist verwirrt, wenn eine Sekunde einmal doppelt so lange dauert. Buchungssysteme von Fluglinien streikten, Online-Dienste wie LinkedIn meldeten Schwierigkeiten. Google behalf sich mit einer eigens entwickelten Technik, Smear (zu Deutsch: verschmieren) genannt. Sie sorgt dafür, dass die Sekunden über einen längeren Zeitraum leicht gedehnt werden, die Zeit also minimal langsamer vergeht, und zwar so lange, bis die Zusatzsekunde aufgefangen ist. Computertechnisch ist das elegant gelöst, denn so muss man keine zusätzliche Einheit einfügen.

Man könnte das Problem mit der Schaltsekunde auch noch ganz anders auflösen. Da sie im Mittel doch relativ regelmäßig auftritt, könnte man auch einfach die Definition der Sekunde anpassen. Sie ist ja über die Schwingungsdauer einer bestimmten Strahlung von Cäsiumatomen definiert.

Seit 1967 ist die Sekunde als »das 9 192 631 770-Fache der Periodendauer der dem Übergang zwischen den beiden Hyperfeinstrukturniveaus des Grundzustands von Atomen des Nuklids Caesium-133 entsprechenden Strahlung« (so liest sich tatsächlich die offizielle Definition) festgelegt. Würde man hier einfach einige Perioden hinzunehmen, könnte man die Sekunde so in winzigen

Schritten verlängern. Doch dagegen wehren sich Physiker, denn die Sekunde in ihrer jetzigen Form fließt in zahlreiche Konstanten der Physik mit ein.

IN DER FASTENZEIT

Frühjahr ist Fastenzeit. Jede zweite Frau und jeder vierte Mann will laut der Gesellschaft für Konsumforschung im Jahr 2015 eine Diät machen. Die Fitness-Apps boomen wie nie. Und heizen die Diskussion mit markigen Sprüchen an, zum Beispiel: Abgerechnet wird am Strand.

WAS BRINGEN DIÄTEN?

Ich wog mal 93,4 Kilogramm. Das war mein persönlicher Spitzenwert. Und dann erwischte mich irgendwann im Januar vor einigen Jahren eine Magen-Darm-Infektion und legte mich drei Tage lang komplett flach. Danach war ich nur noch 89 Kilogramm schwer und dachte mir: Bessere Voraussetzungen kriegst du nie wieder! Und so begann meine persönliche Diät, die einzige, die ich in meinem ganzen Leben ernsthaft versucht habe. Ich bin nämlich ein Diätskeptiker. Ich bin viel gelaufen, habe weniger gegessen, also aufgehört, wenn ich satt war, und ich habe keine Süßigkeiten mehr zu mir genommen. Das war's schon. Danach wog ich 82,4 Kilogramm. Und seit dieser Zeit bin ich damit beschäftigt, mein Gewicht einigermaßen stabil zu halten. Das ist der schwierigere Part, weshalb ich abends beim Bier mit meinem besten Freund (ja, auch Männer reden über Hüftringe) immer wieder neue Strategien durchdiskutiere. Auch der Bierkonsum steht dabei auf dem Prüfstand.

Die besten Ergebnisse erzielte ich im Sommerurlaub in der Maremma. Während ich das schreibe, kommt mir der Gedanke, dass man daraus vielleicht eine eigene Diät machen könnte, die Aha!-Filser-Diät sozusagen, eine echte Sommerdiät. Man trinke dabei etwa drei Liter Wasser täglich (natürlich in erster Linie, weil es so heiß ist), esse mittags jeden Tag frischen Büffelmozzarella mit sonnengereiften, erntefrischen Tomaten und kaltgepresstem Olivenöl. Abends genieße man landestypische Gerichte wie Pizza oder Pasta, also nicht unbedingt Sachen, die sonst auf einem Diätplan stehen. Ich nahm dabei zwei bis drei Kilogramm in drei Wochen ab (getestet in drei Urlauben!).

In einem Ratgeber zu meiner Diät käme im »wissenschaftlichen« Teil vor, dass reichlich Wasser die Giftstoffe aus meinem Körper schwemmt und dass Olivenöl den Anteil guter Fette erhöht (Fett ist eh diätmäßig inzwischen einigermaßen rehabilitiert). Damit verbunden wäre ein Hinweis auf die gesunde mediterrane Lebensweise – frisches Gemüse und regionale Produkte sind zudem sowieso immer gut.

Wie Sie vielleicht merken, kann ich das Thema Diät nicht in allen Belangen ernst nehmen. Wahrscheinlich hängt das auch damit zusammen, dass die allermeisten Versuche, wissenschaftlich belastbare Fakten zu finden, schiefgingen. Klar ist eine ausgewogene, gesunde Ernährung wichtig. Wir essen auch zu viel Zucker und Salz und trinken zu viel Alkohol. Aber Diäten haben offensichtlich mehr mit Moden und Trends zu tun als mit Fakten und neuen Erkenntnissen. Die Erfinder jeder Diät nutzen für sich, dass Menschen komplexe Organismen sind, die von allerlei Faktoren beeinflusst werden, nicht nur von dem, was sie essen. Also kann man viel behaupten, und wenn es bei manchen Menschen dann nicht klappt, sind die im Zweifel selbst schuld. Oder ihre Gene.

Nehmen wir ein aktuelles Beispiel: Was steckt hinter der gerade so modernen Paläodiät? Dabei isst man in der Regel viel Fleisch von Tieren, die ihrerseits Gras fressen, dazu Fisch, Obst, Gemüse, Eier, Nüsse, Samen und Oliven- oder Walnussöl. Streng verboten sind alle Produkte, die sich der Mensch im Zuge der Sesshaftwerdung und der neolithischen Revolution hart erarbeitet hat: Getreide und Hülsenfrüchte, Milch und Milchprodukte, Kartoffeln, später Zucker, Salz. Etwas vereinfacht ausgedrückt, sagt diese Diät laut »Nein!« zu bösen Kohlenhydraten. Es ist eine Art Low-Carb-Diät. Forscher sagen, dass man damit ein bisschen abnehmen könnte; umstritten ist allerdings, ob man das einfach nur tut, weil man gezielter kocht und sich somit einfach bewusster ernährt – also nicht schnell mal am Abend ein Tiefkühlgericht in die Mikrowelle schiebt.

Wer den Begriff »Diät« googelt, erhält derzeit 15 300 000 Treffer (Stand: Juni 2015). Schon der erste Treffer klingt verheißungsvoll: »Die beste Diät der Welt« steht da, gefolgt von »55 Diäten im Test« und »Welche Diät taugt was?«. Viele Diäten degradieren uns zu Kalorienzählern. Dabei sind sich Ernährungswissenschaftler längst darüber einig, dass kleinliches Kalorienzählen wenig bringt. Der Wahrheitsgehalt der Diättipps scheint sich längst abgekoppelt zu haben von wissenschaftlichen Erkenntnissen und eigenen Gesetzen zu gehorchen.

Wissenschaftler der Medical School der University of Sheffield werteten in der Zeitschrift *Public Health Nutrition* Frauenzeitschriften aus und stellten fest, dass sich dort periodisch jeweils Texte über üppige Menüs, leckere Partyhäppchen und gehaltvolle Nachspeisen (Weihnachtszeit) mit solchen über Diätpläne, die schnell

Hilfe bringen, abwechselten, also Exzess und Verzicht in stetiger Abfolge propagiert wurden. Das ist sozusagen ein journalistischer Jo-Jo-Effekt.

Auch historisch gibt es solche Trends. Sehr diätlastig waren die 1970er Jahre. In den 80er und 90er Jahren ging es viel um Spezialstrategien wie Low-Carb und Low-Fat. Mittlerweile ist das Fett wieder rehabilitiert, jetzt sind spezielle Segmente dran, Milch und Milchprodukte sind gerade out, ebenso ist der Weizen schwer in Verruf geraten. Und eines ist sicher: Das wird nicht das Ende der Diätspirale sein.

Bleiben noch die sogenannten Radikaldiäten. Sind sie wirklich so schlimm wie immer berichtet? Im vergangenen Jahr testeten australische Wissenschaftler um Katrina Purcell das Prinzip mit 204 Probanden. Ihr Fazit: Die Crash-Diät ist mindestens genauso erfolgreich wie langsames und langfristiges Abspecken. Die Forscher begleiteten die Probanden schließlich weitere drei Jahre. Tatsächlich setzte der schon erwartete Jo-Jo-Effekt ein. Drei Viertel erreichten wieder ihr Ursprungsgewicht – allerdings völlig unabhängig davon, ob sie schnell oder langsam abgenommen hatten.

Ist das die bittere Wahrheit? Der Erfolg einer Diät hängt davon ab, wie nachhaltig man sein Leben umstellt. Wer wirklich abnehmen will, braucht einen langen Atem. Ernährungswissenschaftler sagen, dass man weder Fette noch Kohlenhydrate komplett weglassen solle. Ein bisschen weniger essen, sich regelmäßig bewegen und Sport machen reicht schon aus. Es ist letztlich alles eine Frage des eigenen Energiehaushalts. Wie viel Energie nimmt man zu sich und wie viel verbraucht man? Physiker nennen das Energiebilanz. Ist sie positiv, nehmen wir zu. Verbrauchen wir mehr Energie und nehmen weniger auf, sinkt unser Gewicht.

Kann Sport etwas bewirken?

Sport ist die effektivste Möglichkeit, unseren Energieverbrauch zu steigern und damit die Energiebilanz zu verbessern. Jede Art von Bewegung zählt. Schon wenn man sich nach der Arbeit kurz anstrengt und ein paar Meter sprintet, hat das einen positiven Einfluss (und baut dabei das Stresshormon Adrenalin ab). Der österreichische Physiker Martin Apolin rechnet in seinem amüsanten Buch »Mach das! Die ultimative Physik des Abnehmens« vor, warum allein schon regelmäßiges Gehen etwas bringt.

Wir müssen bei jedem Schritt unseren Körperschwerpunkt um etwa drei Zentimeter heben und senken, das sei aufwendiger als stehen oder sitzen. Die Leistung ist um den Faktor 3 bis 4,5 (je nach Gehtempo) höher als im Stehen. Deshalb sei für untrainierte Menschen ein Spaziergang bereits als Sport einzustufen.

Es muss auch nicht immer der vielzitierte Body-Mass-Index (BMI) das Maß aller Dinge sein. Das ist eine Zahl, die das Körpergewicht eines Menschen in Relation zu seiner Größe setzt. In der bis heute mit fast drei Millionen Teilnehmern weltweit größten Studie stellten Forscher um Katherine Flegal von den Centers for Disease Control in Maryland fest, dass leicht übergewichtige und sogar noch leicht fettleibige Menschen eine etwas höhere Lebenserwartung haben als normalgewichtige Menschen. Möglicherweise wirkt sich das Körperfett schützend auf das Herz aus. Erst ab einem BMI von 35 stieg das Sterberisiko drastisch an.

Wohin verschwindet das Fett, wenn wir abnehmen?

Australische Forscher von der University of New South Wales machten jüngst einen witzigen Versuch. Sie fragten Experten – Ärzte, Ernährungsberater und Fitnesstrainer –, wohin das Fett verschwindet, wenn wir abspecken. Mehr als 90 Prozent der Fachleute hatten keine oder nur eine vage Ahnung. Einige meinten, es würde sich in Muskeln umwandeln oder einfach mit dem Stuhlgang ausgeschieden werden. Etwas mehr als die Hälfte

gab an, das Fett werde in Energie oder Wärme umge-
wandelt.

Das ist zwar nicht komplett falsch, aber eben auch nur
ein Teil der Geschichte. Tatsächlich wird Energie frei,
wenn unser Körper Fett abbaut. Doch was passiert mit
der Fettmasse? Die Antwort ist verblüffend: Sie löst sich
praktisch in Luft auf, sie wandelt sich in Kohlendioxid
um und verlässt mit unserem Atem den Körper. Die aus-
tralischen Wissenschaftler liefern hier beeindruckende
Zahlen: 84 Prozent unserer Fettpolster verlassen den
Körper über die Lunge, der Rest wird zu Wasser, das wir
über Schweiß, Urin und Tränen ausscheiden.

Diät-Geschichten

Der griechische Arzt Hippokrates empfahl 400 v. Chr. lange Läufe, keinerlei Sex, das Schlafen auf einem möglichst harten Bett sowie das Auslösen von Erbrechen.

Angenehm auf den ersten Blick klang das Diätrezept von Horace Flechter aus dem Jahr 1900: **Man dürfe alles essen, müsse nur lang genug kauen,** jeden Bissen mindestens 100 Mal, dann solle man den Rest ausspucken. Zu den Anhängern gehörten: John Rockefeller, Franz Kafka und der Schriftsteller Henry James. Angeblich gab es sogar Kaupartys.

Die Idee, **Fettzellen zu zerquetschen** und so zu eliminieren, indem man Bauchspeck heftig massiert, stammt aus Baden-Baden, praktiziert um etwa 1910. Die schmerzhafte Behandlung bringt: nichts!

Auch Glaube versetzt keine Speckberge. Trotzdem erschien 1957 das erste christliche Diätbuch unter dem Titel **»Pray your weight away«,** gefolgt von »I prayed myself slim«. In der Folge entstanden Gebetsdiätclubs.

Übertriebene Diäten würden den **Fortbestand der Menschheit** gefährden. Denn falls der Körper einer Frau nicht zu mindestens 20 Prozent aus Fett besteht, bleibt ihr Eisprung aus – was tatsächlich bei sehr stark untergewichtigen Frauen und Leistungssportlerinnen häufig passiert. Forscher fanden vor Jahren heraus, dass viele Schaufensterpuppen mit ihren Proportionen diesen Fettanteil nicht erreichen würden.

Erfolgreichstes Diätbuch aller Zeiten ist **»The Drinking Man's Diet«,** über eine fett- und alkoholreiche Low-Carb-Diät. Es verkaufte sich 2,4 Millionen Mal. Vermutlich hat der Erfolg damit zu tun, dass endlich auch einmal Männer als Zielgruppe angesprochen werden.

WARUM FASTEN WIR?

Bereits vor etwa 2400 Jahren empfahl der griechische Arzt Hippokrates seinen Landsleuten: »Wer stark, gesund und jung bleiben will, sei mäßig, übe den Körper, atme reine Luft und heile sein Weh eher durch Fasten als durch Medikamente.« Dieser Idee folgt nach Aschermittwoch etwa jeder zehnte Bundesbürger und verzichtet auf Süßigkeiten, Alkohol, Fleisch oder andere Nahrungsmittel seiner Wahl. Manche Menschen machen auch aufwendige Heilfastenkuren nach strengem Plan (etwa nach Buchinger mit Säften, Honig und Gemüsebrühe, gleichzeitiger Darmreinigung, reichlich Bewegung und Stressabbau), sie wollen ihren Körper entschlacken. Das freiwillige Fasten soll den Körper und den Geist gleichermaßen stärken.

Was ist Fasten?

Wer wirklich streng fastet, verzichtet auf feste Nahrung und Genussmittel. Für die wichtigsten Körperfunktionen genügen schon 250 Kilokalorien (kcal) in Form von Suppen oder Säften. Wie schon die Aussage von Hippokrates zeigt, ist das Fasten keine Erfindung des Christentums, auch wenn unsere westliche Fastenzeit zwischen Aschermittwoch und Ostern natürlich auf das Kirchenjahr zurückgeht. Fastenrituale sind in vielen Religionen – etwa im Hinduismus und im Buddhismus – schon seit Jahrtausenden gebräuchlich. Das Christentum setzt den Verzicht (auf Lebensmittel wie Eier, Milchprodukte oder Fleisch) in den Mittelpunkt. Das berücksichtigt auch, dass es im Jahreszyklus nahrungsarme Phasen gibt, wie eben die Zeit nach dem Winter.

Wie lange können wir ohne Nahrung auskommen?

Ein gesunder Mensch schafft es, mindestens einen Monat lang ohne feste Nahrung auszukommen. Das bedeutet aber für den Körper enormen Stress, er muss auf eigene Reserven umstellen. Deshalb werden in den ersten Tagen des Fastens vermehrt Hormone wie Adrenalin, Noradrenalin, Serotonin oder Kortisol ausgeschüttet. Die Folge davon ist eine Art Hochgefühl, die Aufmerksamkeit ist erhöht. Der Körper greift dann zunächst auf Kohlenhydratreserven in der Muskulatur und der Leber zurück, nutzt dann seine Fettreserven und zuletzt Muskeleiweiß. Wir fahren dabei eine Art Nothaushalt und verringern den Puls und den Blutdruck. Nach einigen Tagen mit leerem Magen und leerem Darm stellt sich der Körper auf die neue Situation ein, und wir haben auch deutlich weniger Hunger.

Unverzichtbar bleiben für uns jedoch das Wasser und darin enthaltene Mineralstoffe. Ohne Wasser können wir nur wenige Tage überstehen. Es gibt Berichte wie über den Fischer José Salvador Alvarenga, der von Mexiko aus in See gestochen war, um Haie zu fangen. Ein Sturm trieb das Boot ab – so erzählte er jedenfalls danach –, und er habe sich auf hoher See von Fischen und Vögeln ernährt, die er mit bloßen Händen fing. Um seinen Durst zu stillen, habe er Regenwasser, Schildkrötenblut und seinen eigenen Urin getrunken. 13 Monate habe er so durchgehalten.

Kann Fasten heilen?

Immer wieder ist vom Entschlacken des Körpers die Rede. Und das, obwohl unser Körper nun wahrlich keine Schlacke besitzt. Solche Schlacken oder schädlichen Stoffwechselprodukte im Körper gebe es nicht, sagt die Deutsche Gesellschaft für Ernährung. Nicht verwertbare Stoffe würden bei ausreichender Flüssigkeitszufuhr über den Darm und die Nieren ausgeschieden. Es gibt allerdings durchaus Hinweise auf positive Auswirkungen des Fastens, ein sinkender Blutdruck helfe etwa bei Herz-Kreislauf-Kranken. Positive Effekte sind auch bei vielen entzündlichen und neurodegenerativen Erkrankungen belegt. Wichtig ist bei allen Heilfastenkuren die ärztliche Kontrolle. Allerdings ist die Studienlage beim Thema Fasten insgesamt eher dünn, auch weil die Pharmaindustrie hier kein Marktpotenzial sieht. Schließlich verzichten wir auf etwas. Damit lässt sich kein Geld verdienen.

VON HASEN
UND EIERN

Am Ostersonntag in aller Frühe hoppelt der Osterhase durch die Felder und Gärten. Er hat einen geflochtenen Korb bei sich, randvoll mit bunten Eiern, die er unter Blättern, neben Blumen und unter Steinen versteckt. Zumindest durch viele Bilderbücher bewegt sich Meister Lampe (der Name kommt übrigens aus der Jägersprache: Lampe heißt der weiße Fleck auf der Hasenschwanzunterseite) auf diese Weise.

SEIT WANN
GIBT ES OSTERHASEN?

Bereits vor 330 Jahren spielten sich in einigen Gegenden Deutschlands Szenen ab, die uns bekannt vorkommen:

> *In Oberdeutschland, Pfalz, Elsass und den angrenzenden Gegenden, sowie in Westfalen nennt man diese Eier Haseneier. Man macht den Einfältigen und Kindern weis, der Osterhase lege solche Eier und verstecke sie in den Gärten, im Gras und im Gebüsch, damit sie von den Kindern zum Ergötzen der lächelnden Erwachsenen eifrig gesucht werden.*

Dies schrieb der Mediziner Georg Franck von Franckenau im Jahr 1682 in seinem Text »De Ovis Paschalibus. Von Oster-Eyern«. Er war allerdings von diesem Brauch nicht sehr begeistert, denn er beobachtete Gesundheitsgefährdendes:

> *Oft fügen sich gesunde Kinder mit jenen Eiern großen Schaden zu, denn sie stopfen sie sich unbeaufsichtigt geradezu gierig in den Rachen, ohne Salz, Butter oder andere Gewürze. So kommt zu dem Vergnügen der Schmerz dazu.*

In diesem Text wird zum ersten Mal überhaupt der Osterhase erwähnt. Endgültig durchgesetzt hat er sich, wie so viele unserer heutigen Traditionen, erst im 19. Jahrhundert. Als Produzent und Überbringer der Ostereier hatte der Hase lange Zeit tierische Konkurrenz – unter anderem von dem Hahn, dem Fuchs, dem Storch und dem Kuckuck. Aber der Hase machte das Rennen, sicherlich auch, weil er seit je in vielen Kulturen für Fruchtbarkeit und Zeugungskraft steht. In der byzantinischen Tiersymbolik war das Tier zudem ein Symbol für Christus. Der Hase wäre somit sogar ein religiöses Element in unseren eher weltlich gefüllten Osternestern.

Aber was ist mit den gefärbten Ostereiern selbst? Sie gehören seit dem Mittelalter zum Osterfest, werden das erste Mal im 13. Jahrhundert in einer deutschen Quelle erwähnt. Aber waren sie ursprünglich eine germanische Tradition anlässlich eines Frühlingsfestes, wie manche schreiben? Oder lässt sich dieser Brauch zu den Ägyptern zurückverfolgen, von denen bekannt ist, dass sie schon vor 4000 Jahren Eier bunt bemalten? Es gibt hier sicher nicht die eine richtige Antwort, sondern viele Geschichten, die zusammen unsere Tradition der Ostereier erklären. Das Ei wurde seit je als das Sinnbild des Lebens, der Auferstehung (im Frühchristentum, aus einem »toten« Ding schlüpft etwas Lebendiges) und der Unendlichkeit (die runde Schale hat keinen Anfang und kein Ende) gesehen. Sogar die Erde wurde manchmal als Ei beschrieben. Außerdem war es ein wichtiges Nahrungsmittel und fiel in der Fastenzeit oft unter die verbotenen Speisen. Zu Ostern gab es also (durch Kochen

haltbar gemachte) Eier im Überfluss, und man durfte sie endlich wieder genießen. Der Gründonnerstag war zudem der Abgabe- und Zinstag, man bezahlte seine Schulden unter anderem mit Eiern – und übrigens auch mit Hasen.

Eine schöne Geschichte vom Ursprung der Ostereier führt zurück ins 9. Jahrhundert, an die Wiege eines Kindes, das von seiner Mutter auf Althochdeutsch in den Schlaf gesungen wird: »Ostârâ stellit chinde / honak egir suozziu.« (»Ostara stellt hin dem Kinde / Honig Eier süße«) lautet eine Liedzeile. Sie handelt von der Frühlingsgöttin Ostara, benannt nach der Morgenröte. Auch die Gebrüder Grimm bringen in ihrem berühmten Wörterbuch den Begriff »Ostern« mit dieser Göttin in Verbindung; sie zitieren dabei einen der wichtigsten Gelehrten des frühen Mittelalters, den englischen Mönch Beda Venerabilis (der Ehrwürdige) aus dem 8. Jahrhundert. Laut Beda soll Ostara dem Frühlingsmonat »Eosturmonath« (dem heutigen April) den Namen gegeben haben und auch in dieser Zeit besonders gefeiert worden sein. Es handelt sich demnach um eine Göttin, zu deren Ehren im Frühling Feste veranstaltet wurden und die in einem althochdeutschen Wiegenlied den Kindern Eier hinstellt, damit sie sanft schlummern.

Allerdings hat dieses so schöne Bild möglicherweise einen kleinen Schönheitsfehler. Im 19. Jahrhundert war man nämlich so begeistert auf der Suche nach solchen alten (am liebsten germanischen) Traditionen, dass man es manchmal mit der Wahrheit nicht so genau nahm. Das althochdeutsche Schlummerlied beispielsweise wurde

sehr wahrscheinlich in dieser Zeit von seinem »Entde-
cker« selbst gefälscht.

Auch die Göttin Ostara lässt sich wissenschaftlich bis
heute nicht eindeutig nachweisen – schon die Gebrüder
Grimm waren da vorsichtig und erwähnten sie nur in
einem einzigen Text. Tatsächlich weiß man bis heute
nicht genau, woher unsere deutsche Bezeichnung »Ostern« (und das englische »easter«) kommt. Es gibt verschiedene Theorien. Ostara ist nach wie vor im Rennen.
Auch der Osten, das Frühlingserwachen, die Morgenröte
in ihrer altgermanischen Form können die Namensgeber
gewesen sein. In den meisten anderen europäischen
Sprachen wird die Bezeichnung des Osterfestes abgelei-
tet vom jüdischen Pessachfest, das mit dem ersten Früh-
lingsmond eingeleitet wird: italienisch »pasqua«, finnisch
»pääsiäinen« oder isländisch »páskar«.

DIE EIER SIND DA!

Vor Jahren war ich mit der ersten offiziellen chinesischen Reisegruppe durch Deutschland unterwegs, in sieben Tagen durch sieben deutsche Städte. Es war an einem Morgen in Hamburg am Frühstücksbüfett. Es gab nur noch zehn Eier für die 30-köpfige Gruppe. Aber alle wollten ein Ei, was einer auch lautstark kundtat. »Schsch, nicht so laut«, sagte der Reiseleiter Herr Wu und bestellte rasch neue Eier für alle. Minuten später sprang plötzlich einer der Chinesen auf und schrie quer durch den Raum, so dass die deutschen Gäste zusammenzuckten:

»Ji Dan Lei Le – die Eier sind da!«

Daran muss ich oft denken, wenn ich Eier bestelle, oder jetzt an Ostern: Die Eier sind da! Es waren damals ziemlich hart gekochte Eier und der Dotter schimmerte am Rand leicht grünlich.

Warum haben hartgekochte Eier manchmal einen grünen Dotterrand?

Dotter mit einem grünen Rand bilden sich immer dann, wenn Eier sehr lange im Wasser kochen. Verantwortlich dafür ist eine chemische Reaktion im Eiklar, die erst bei längerem Erhitzen abläuft. Das Eiklar eines Hühnereis besteht zu 88 Prozent aus Wasser, den Rest bilden rund 40 verschiedene Eiweiße. Eiklar ist flüssig, glibberig, durchsichtig und klebt leicht. Schlägt man es mit dem Schneebesen, wird es fest und weiß. Kocht man es, wird es hart und ebenfalls weiß. Mechanische Einwirkung oder Hitze bewirken also, dass die Eiweißbausteine ihre Struktur verändern – und zwar unwiederbringlich. Der Grund: Jedes Eiweißmolekül hat anfangs seine spezielle Gestalt, ist gefaltet und zu einem Knäuel eingewickelt. Bei Hitze entfalten sich die langen Moleküle und werden zu kürzeren Molekülen aufgespalten. Sie ändern dabei auch sichtbar und spürbar ihre chemischen Eigenschaften. Denn Hitze bringt Moleküle in Bewegung, dadurch können sich Verbindungen auflösen oder zumindest lockern. Die Effekte sind dann auch für uns mit bloßem Auge sichtbar. So verschwindet das Klebrige am Eiklar komplett, es ist auch nicht mehr durchsichtig.

Sobald das Eiweiß bei Temperaturen oberhalb von knapp 85 Grad Celsius fest geworden ist (hier gerinnt das hauptsächlich enthaltene Protein Ovalbumin), braucht es die Wärme aus dem kochenden Wasser nicht mehr dafür, sondern kann diese ins Innere des Eis zum Dotter weiterleiten. Er stockt und wird langsam von außen nach innen hart.

Zunächst ist der Dotter allerdings noch nicht grün. Hier kommen die geringen Mengen an Eisen ins Spiel, die sich im Dotter befinden. Die Eisenverbindungen werden langsam frei, wenn man die Eier länger als acht bis zehn Minuten kocht. Im mittlerweile festen Eiweiß bildet sich gleichzeitig Schwefelwasserstoff. Das Eisen aus dem Dotter und der Schwefelwasserstoff verbinden sich zu Eisensulfid. Das macht die grüne bis blaugrüne Farbe an der Grenze von Eigelb und Eiweiß. Der Dotter wird nie durchgehend grün, sondern nur am Rand. Bei gekauften gekochten Eiern sieht man den grünen Rand häufiger, denn diese industriell gekochten Eier werden in der Regel deutlich länger gekocht, um sie haltbarer zu machen. Sie liegen vor den Ostertagen oft wochenlang in den Regalen.

Eierwissen

Haushühner sind effiziente Eierlegemaschinen, sie legen bis zu **300 Eier pro Jahr.** Mehr können sie auch nicht schaffen. Denn eine Eizelle verbleibt rund 24 Stunden im Bauch einer Henne und wird dann von einer Schale geschützt und mit Dotter versorgt an die Luft gesetzt. Rund 20 Stunden ist ein Huhn damit beschäftigt, die etwa 0,4 Millimeter dicke Kalkschale zu produzieren.

Hühner als Haustiere gibt es seit rund 8000 Jahren, Bauern in Asien domestizierten sie wohl aus dem Bankiva-Huhn. Nach Europa kamen Henne und Hahn erst vor rund 2000 Jahren. Dass Vögel – als Landbewohner – Eier mit harten Schalen legen, hat sich im Lauf der Evolution so herausgebildet. Nur sie bieten Schutz vor dem Austrocknen. Tiere, die im Wasser leben, haben in der Regel Eier mit weicher Schale.

In Europa werden alle Eier mit einem Code gekennzeichnet. Die erste Ziffer auf einem Ei steht für die Art der Tierhaltung. **Die Ziffer 0 steht für Bio-Haltung, 1 steht für Freilandhaltung, 2 für Bodenhaltung und 3 für**

Käfighaltung. (Bei der Bio-Haltung teilen sich 6 Hühner einen Quadratmeter Stallfläche, bei der Freiland- und Bodenhaltung sind es bereits 9 Hühner pro Quadratmeter.) Hinter dieser Ziffer steht der Ländercode, etwa »DE« für Deutschland oder »AT« für Österreich, dann folgt die Kennung des Legebetriebs.

Eier-Anpiksen vor dem Kochen kann man sich sparen. Zwar steigt im Eiinneren der Druck beim Kochen um etwa 1 bar an, doch die Eierschalen sind stark genug, um das auszuhalten. 0,3 bar Druckanstieg erzeugt die im Ei enthaltene erhitzte Luft, 0,7 bar das im Eiklar enthaltene Wasser. Zahlreiche Eierexperimente haben statistisch gezeigt, dass gepikste und ungepikste Eier etwa gleich oft beim Kochen kaputtgehen. Etwa bei jedem zehnten Ei bricht die Schale, der Grund: mikrofeine Risse, die wir mit bloßem Auge nicht sehen können.

Calciumcarbonat **macht die Eischalen hart.** Bis zu 4,5 Kilogramm Gewicht pro Quadratzentimeter kann die Kalkschale eines Hühnereis aushalten. Ein Erwachsener mit 85 Kilogramm Gewicht könnte sich also locker auf ein Brett stellen, das auf mehreren Eiern ruht. Die runde Form macht die Eier zusätzlich stabil. Kräfte, die an einer Stelle angreifen, verteilen sich über die gesamte Oberfläche.

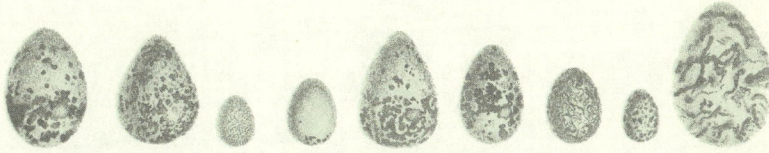

Am längsten ungekühlt haltbar sind »Tausendjährige Eier«, ein traditionelles chinesisches Gericht. Das hängt mit ihrer Herstellung zusammen. Die Tausendjährigen Eier werden langsam fermentiert. In einem Mantel aus Gewürzen, gebranntem Kalk, Sägespänen und Holzasche gären die Eier wochenlang, das Eigelb wird dabei grün, das Eiweiß bernsteinfarben, fast schwarz, die Konsistenz erinnert an Gelatine. Man kann sie noch nach Jahren essen, sie schmecken würzig, ein bisschen wie Oliven.

Es gibt in verschiedenen Regionen **den Brauch des Eiertitschens** (manche verwenden dafür den schönen Ausdruck »Spitzarschen«), etwa im Rheinland, in Süddeutschland, Österreich, der Schweiz und Griechenland. Dabei schlagen zwei Wettstreiter jeweils ein gekochtes Ei auf das eines Gegenspielers mit dem Ziel, dessen Schale zu brechen.

Gewinner ist der, dessen Ei unversehrt bleibt, er bekommt dann als Belohnung beide Eier. Das erklärt auch die Herkunft des Brauchs: Nach der Fastenzeit ging es darum, den Hunger auf Ei zu stillen. Heute spielt man eher zum Spaß. Das härtere Ei siegt. Generell gilt: Die Spitze eines Eis ist härter als die Eikuppe, die Kraft ist hier auf einer kleineren Fläche gebündelt. Zudem machen Luftblasen an der flachen Seite die Eier an diesem Ende empfindlicher.

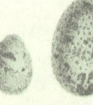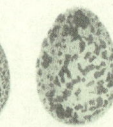

Das größte jemals entdeckte Ei ist ein wahrer Gigant: Es wiegt 11 Kilogramm, ist 33 Zentimeter lang, hat einen Umfang von 1 Meter und fasst den Inhalt von 150 Hühnereiern, 9 Liter. Die Schale ist mehr als einen halben Zentimeter dick. Gelegt hat es der seit 400 Jahren ausgestorbene Madagaskar-Strauß. (Bei Auktionen können solche seltenen Eier Preise von **80 000 Euro** erzielen!) Noch lebende Rekordhalter sind der Afrikanische Strauß und der australische Emu. Ihre Eier wiegen 1,5 Kilogramm – immerhin würden in das 15 Zentimeter große Ei 25 Hühnereier passen.

Noch größer waren vor Jahrmillionen nur die Eier des Raubsauriers **Tyrannosaurus Rex.** Von ihnen sind aber nach 66 Millionen Jahren nur noch versteinerte Reste übrig. Die 40 Zentimeter langen und schmalen Eier sahen aus wie Dragees, während andere Dinosaurier ovale bis kreisrunde Eier legten. Über das größte Dinosaurierei gibt es viele Gerüchte. Die Angaben gehen bis zu einem Meter Höhe. »Das ist aber Unsinn«, sagt Bernd Herkner, Leiter des Frankfurter Senckenberg-Museums. »Eier können aus physiologischen Gründen eine bestimmte Größe nicht überschreiten. Je größer das Ei ist, umso geringer ist auch die Oberfläche im Verhältnis zum Volumen. Ab einer bestimmten Größe würde der Gasaustausch durch die Schale nicht mehr funktionieren. Au-

ßerdem würde die Schale zu dick sein müssen. Ein Eivolumen über 10 Liter halte ich für unmöglich.«

Die Bienenelfe, der mit einem Gewicht von 1,8 Gramm kleinste Vogel der Welt, legt auch die kleinsten Eier. Die Eier dieses Kolibris sind nur etwa einen halben Zentimeter hoch, nicht einmal so hoch wie eine 1-Cent-Münze, und ein Viertel Gramm schwer.

Die **ungewöhnlichste Eiform** produzieren Trottellummen, sie ist kegelförmig. Stößt man so ein Ei an, dreht es sich in einem sehr engen Kreis um die eigene Achse. Das ist wichtig, da die Vögel an Klippen nah am Abgrund brüten. Die Schale fasziniert Forscher, denn sie hat kegelförmige Nanostrukturen eingebaut, die verhindern, dass sich Meersalz anlagert. Das ist einzigartig im Tierreich.

Warum gibt es weiße und braune Eier?

Jedes Huhn hat eine Schalendrüse, sie befindet sich im Legedarm des Tiers. Hier produziert das Tier den Farbstoff für die Eierschale. Die Drüse bildet dabei aus dem Blutfarbstoff Hämoglobin rötliche Farbpigmente, die langsam abgebaut werden, dazu kommen gelbliche Pigmente aus der Galle. Hühner, die weiße Eier legen, bilden diesen Farbstoff nicht. Eine Genvariante verhindert dies. Je nach genetischer Veranlagung einer Hühnerrasse ergibt sich also die typische Eierfarbe.

Dass es in bestimmten Ländern mehr braune oder mehr weiße Eier gibt, ist eine Entscheidung der Züchter. Derzeit sind in Deutschland eher braune Eier angesagt, wir halten sie – ohne Grund – für gesünder. Züchter wählen hierzulande eher die dunkelsten Eier aus, um sie zu bebrüten. Die geschlüpften Hühner legten auch wieder dunkle Eier. Genauso geht es mit den weißen Eiern. In Deutschland sind sieben von zehn Eiern braun. In Skandinavien gibt es fast ausschließlich weiße Eier zu kaufen.

Oft stimmt die Farbe des Gefieders auch mit der der Eier überein, aber eine Regel lässt sich daraus nicht ableiten. Wichtiger sind die Ohrläppchen der Tiere, sie sind ein sehr gutes Indiz. Hühner haben tatsächlich Ohrläppchen, es sind kleine, im Federkleid versteckte Hautflächen auf beiden Seiten des Hühnerkopfs. Sind sie weiß, legt die Henne meist weiße Eier, sind sie rötlich, legt sie in der Regel braune. Eine eindeutige Aussage lässt sich aber nur mit Hilfe einer Erbgutanalyse machen.

Was ist die perfekte Kochzeit für ein wachsweiches Ei?

Das ist die klassische Loriot-Frage. Sie ist nicht eben leicht zu beantworten. Eierkochen ist eine Wissenschaft für sich. Jedes Ei ist anders. Es gibt kleine und große Eier und solche mit dickerer und dünnerer Schale. Dann spielt auch die Temperatur eine Rolle, also ob man ein Ei aus dem Kühlschrank holt oder bei Raumtemperatur lagert. Sogar der Luftdruck hat eine Bedeutung bei der Frage, wie lange ein Ei im kochenden Wasser sein sollte. Zudem gibt es Menschen, die Eier ins kalte Wasser legen, und solche (wie ich), die Eier immer nur in bereits kochendes Wasser geben. Einfluss auf das Resultat haben auch noch die Wasserhöhe im Kochtopf und das Alter der Eier (da im Lauf der Zeit Kohlendioxid aus der Schale entweicht, steigt der pH-Wert an, und dies führt dazu, dass sich die Schale besser vom Eiweiß löst).

Wir haben es also mit einer Reihe von physikalischen Größen zu tun: Masse, Schalendicke, Temperatur, Luftdruck.

Der Ort, an dem wir Eier kochen, hat einen Einfluss auf die Siedetemperatur von Wasser. Die Siedetemperatur sinkt pro 285 Meter Höhe um 1 Grad Celsius, das bedeutet, dass das Wasser auf der Zugspitze bereits bei 90 Grad Celsius kocht, auf dem Everest würde es schon bei 70 Grad Celsius sprudeln. Allerdings hilft einem das beim Eierkochen wenig, denn bei niedrigerer Siedetemperatur klappt der Wärmetransport ins Eiinnere auch schlechter. Im Gebirge brauchen Eier daher generell länger, um hart zu werden. Bei Temperaturen unterhalb von 62 Grad kann das Eiklar überhaupt nicht mehr gerinnen. Und harte Eier brauchen eine Innentemperatur von 84,5 Grad Celsius, das funktioniert auf der Zugspitze also gerade noch.

In den ersten Kochminuten benötigt das Ei die zugeführte Wärmeenergie, um das glibberige Eiklar fest werden zu lassen. In dieser Zeit isoliert das Eiklar das innen liegende Eigelb thermisch noch komplett. Erst wenn das Eiklar komplett geronnen ist, kann die Wärme des Wassers nach innen zum Eigelb gelangen. Dann beginnt der Dotter zu stocken. Diesen Zeitpunkt will man beim wachsweichen Ei erwischen.

Der österreichische Physiker Werner Gruber bemerkt lakonisch, dass jeder, der es nicht mit höherer Mathematik versuchen will, für normalgroße Eier (Größe M, 60 Gramm Gewicht) einen Wert zwischen 5 und 6 Minuten wählen sollte. Das entspricht »meinem« Eierwert für München von 5 Minuten und 25 Sekunden.

WARUM SCHICKEN
WIR LEUTE IN DEN APRIL?

Menschen in den April zu schicken ist eine sehr spezielle Art von Humor. Zahlreiche Medien beteiligen sich Jahr für Jahr an diesem öffentlichen Spiel mit Falschmeldungen. Wer darauf hereinfällt, ist öffentlich genarrt worden. April, April, heißt es dann.

Die Tradition existiert in mehreren europäischen Ländern (und überall dort auf der Welt, wohin Europäer ausgewandert sind). In historischen Schriften sind vor allem in Deutschland, England, Italien und Frankreich zahlreiche Hinweise zu finden, der Brauch scheint bis ins frühe 16. Jahrhundert zurückzugehen. Die ältesten Quellen stammen aus Frankreich, wo dieser Brauch »poisson d'avril« (also »Aprilfisch«) genannt wurde und auch heute noch so heißt.

Der Regensburger Volkskundler Gunther Hirschfelder verweist darauf, dass der französische König Karl IX. im August 1564 den Neujahrstag vom 1. April auf den 1. Januar verlegte. Einige Bürger, die dieses Edikt von Roussillon nicht mitbekommen hatten, feierten im darauffolgenden Jahr wieder wie gewohnt Ende März das neue Jahr und bekamen falsche Neujahrsgeschenke. Sie wurden als »Aprilnarren« verspottet. Allerdings spricht viel dafür, dass es die Tradition des Aprilscherzes schon früher gab, was mehrere ältere französische Texte bezeugen.

Vielleicht hängt der »April Fools' Day«, wie er auf Englisch heißt, mit dem Neujahrsbeginn des Mittelalters und der frühen Neuzeit zusammen, der fast überall Ende März angesetzt wurde, mancherorts auch am 1. April; da gab es in Europa lange keine einheitliche Regelung. Und als dann im Laufe des 16. Jahrhunderts der 1. Januar in ganz Europa zum Neujahrstag wurde, bekamen die Aprilscherze neuen Aufschwung. Man schenkte sich falsche Neujahrsgeschenke und schickte die Lehrlinge und Dienstboten auf unsinnige Botengänge, also »in den April«.

Im 19. Jahrhundert war der Brauch so bekannt, dass »in den April schicken« Eingang ins Grimmsche Wörterbuch fand: einen »vergeblichen gang thun lassen oder sonst auf irgend eine weise teuschen«. Das konnte durchaus gemeine Züge annehmen, etwa wenn man sich über die mangelnde Bildung der Opfer lustig machte. Johann Jakob Schenkel, Pfarrer aus Schaffhausen am Rhein, beschrieb im Jahr 1884 einen fiesen Scherz: »In Basel schickt man den Aprilnarren in die Apotheke, um Ibidum zu verlangen, mit dem Schein eines lateinischen Wortes aus ›Ich bin dumm‹ gebildet.« Das »Ibidum«, wahlweise auch »Binidum«, wurde damals zu einem Klassiker der Aprilscherze.

In Spanien und Lateinamerika gibt es übrigens einen anderen Tag, an dem man sich gegenseitig Streiche spielt: den 28. Dezember, den »Día de los Santos Inocentes« (Tag der unschuldigen Kinder). Den Brauch, anlässlich des Kindermords von Bethlehem eine Art Narrenfest zu feiern, gab es auch in Deutschland. Er verschwand erst im 18. Jahrhundert.

Zum Ursprung des Aprilscherzes gibt es zahlreiche weitere Erklärungen, die teilweise hübsch zu lesen sind, aber die Sache nicht zwingend erklären. So heißt es, der April sei ein wenig verlässlicher Monat, der mit seinem Aprilwetter den Menschen immer wieder einen Streich spielt. Auch religiöse Erklärungen gibt es zahlreiche: Von einer Verbindung zur Passion Christi ist die Rede, denn die frühen Christen stellten Jesus mit dem Fisch-Symbol dar, es war auch ein Symbol der Bekenntnis zum Christentum. Alternativ sei der 1. April wahlweise der Geburtstag von Judas, der Christus verraten habe, oder der des wahrhaften Teufels, der an diesem Tag in die Hölle eingezogen sei, weshalb man sich vor Unheil mit Hilfe von Scherzen schützen müsse. Ein bisschen scheint es so, als wollten einen auch manche der Erklärungen ein bisschen zum Narren halten.

Vielleicht sollte man sich also lieber an überlieferte Aprilstreiche halten. Schon im 16. Jahrhundert wurde der französische König Heinrich IV. (ein berüchtigter Frauenheld) Opfer eines Aprilscherzes seiner Gemahlin: Sie lockte ihn mit einem gefälschten Brief in ein kleines Lustschloss, in dem angeblich ein sechzehnjähriges Mädchen auf ihn wartete.

In Deutschland wurde am 1. April 1774 erstmals in einer deutschen, in Berlin erscheinenden Zeitung ein Aprilscherz abgedruckt. Darin stand zu lesen, dass man

Ostereier und sogar Hühner in allen gewünschten Farben züchten könne. Man müsse dafür nur die Umgebung der Tiere in der passenden Farbe streichen. Im 21. Jahrhundert verliert das »In-den-April-Schicken« zunehmend an Bedeutung. Schade eigentlich, denn kaum ein Brauch aus dem Mittelalter hat so lange ohne Unterbrechung gehalten wie der 1. April.

EIN TAG
IM FRÜHLING

Frühlingsgefühle! Die Sonne scheint, die Pflanzen treiben aus, und auch wir Menschen fühlen uns voller Energie. Wir genießen die erste Sonne, ziehen uns luftig an und haben Lust zu flirten. Überall keimt und sprießt es, im Frühlingslicht beginnt die Welt zu strahlen. Die Monate März, April und Mai sind die Monate der Verliebten. Friedrich Rückert dichtete vor 200 Jahren:

> *Sie lehnt sich an, zu lauschen,*
> *Und hört in stiller Lust*
> *Die Frühlingsströme rauschen*
> *In ihres Dichters Brust.*

Heute würden wir sagen: Die Hormone spielen verrückt. Aber stimmt das auch?

SPIELEN DIE HORMONE IM FRÜHLING VERRÜCKT?

Veränderungen in unserem Körper werden in erster Linie von Hormonen gesteuert. Mit Blick auf die seit Jahrhunderten besungenen Frühlingsgefühle ist es also sinnvoll anzunehmen, dass im Frühling vermehrt Hormone ausgeschüttet werden, die für unser Wohlbefinden, unsere Stimmung und auch unsere Sexualität verantwortlich sind. Die Jahreszeiten haben tatsächlich einen Einfluss auf unseren Hormonhaushalt. Temperatur und Licht machen hier den Unterschied.

Am 20. März beginnt bei uns offiziell der Frühling. (Manchmal ist es auch der 21. März und manchmal der 19., das hängt mit den Schaltjahren zusammen.) Das heißt, ab diesem Zeitpunkt sind die Tage länger als die Nächte, und die Sonne steht immer höher am Himmel. Die Tageslänge und die Intensität des Lichteinfalls ändern sich. An einem hellen Frühlingstag (10 000 Lux) fällt fast dreimal so viel Sonnenlicht auf uns wie an einem Wintertag (3500 Lux) – und an einem strahlenden Tag im Hochsommer ist es dann gleich nochmals zehnmal so hell (100 000 Lux). Zum Vergleich: In einem hell erleuchteten Büro (500 Lux) sitzen wir ziemlich im Dunkeln.

Einige Hormone in unserem Körper werden direkt über das Licht gesteuert. Das »Schlafhormon« Melatonin ist eines von ihnen. Es wird in der Zirbeldrüse in unserem Zwischenhirn gebildet und ist mitverantwortlich für unseren Tag-Nacht-Rhythmus. In der Dunkelheit der Nacht produzieren wir vermehrt Melatonin, das uns müde macht und einschlafen lässt. Licht hemmt die Bildung dieses Hormons. Dabei reichen schon wenige Minuten im Licht (besonders aus dem kurzwelligen blauen Spektralbereich) aus, um den nächtlichen Melatoninspiegel auf ein Minimum zu senken. Durch die kürzer werdenden Nächte im Frühjahr produziert die Zirbeldrüse weniger Melatonin, und wir fühlen uns wach und energiegeladen.

Auch die Hormone Serotonin und Dopamin beeinflusst das Licht. Serotonin wirkt vielfältig im Körper, unter anderem im Herz-Kreislauf-System, im Darm und im Zentralnervensystem. Am deutlichsten wirkt sich ein höherer Serotoninspiegel auf unsere Stimmung aus: Das Hormon macht uns gelassen und ausgeglichen. Und es ist sehr wahrscheinlich (daran wird aktuell immer noch geforscht) ein Wachmacher wie das verminderte Melatonin. Auch Dopamin, das »Glückshormon«, brauchen wir: Es steuert unsere Bewegungen und beeinflusst unsere Motivation und unsere Impulsivität. Deshalb haben wir im Frühling neuen Schwung und können oft Dinge anpacken, die den ganzen Winter über liegengeblieben sind.

Den Einfluss der stärkeren und längeren Lichteinstrahlung merken besonders Menschen, die an einer »Winterdepression« oder SAD (seasonal affective disorder) leiden. Im Frühjahr bessert sich ihre Stimmung spontan.

Wie wichtig es für uns alle ist, viel hinaus ins Freie zu gehen, haben übrigens aktuelle Studien bestätigt: Helles Licht fördert unter anderem die Freisetzung von Dopamin in der Netzhaut des Auges – und verhindert damit wahrscheinlich das Längenwachstum des Augapfels, also Kurzsichtigkeit. Vor allem Kinder sollten daher mindestens drei Stunden am Tag unter freiem Himmel verbringen, rät die Deutsche Gesellschaft für Endokrinologie (die wissenschaftliche Vereinigung der Hormonexperten).

Spring fever

Es gibt da noch die andere Seite der Frühlingsgefühle: Manche von uns fühlen sich in dieser Zeit eben gerade nicht wach, sondern eher schlapp und müde. Im Englischen verwendet man nur einen Ausdruck für diese zwei Gegenpole: »Spring fever« bezeichnet sowohl die beschwingten Frühlingsgefühle als auch die Frühjahrsmüdigkeit. Wie Letztere entsteht, darüber spekulieren Wissenschaftler immer noch. Wahrscheinlich ist es die Umstellung der Hormone, die unserem Körper zusetzt, aber auch die noch ungewohnten wärmeren Temperaturen. Das macht unter anderem unserem Blutdruck zu schaffen.

Die menschliche Paarungszeit

Wach sind nun also die meisten von uns im Frühling, aber sind wir auch bereit für die Liebe? Bei den Frauen schwankt die Konzentration der Sexualhormone im Blut deutlich – allerdings nicht nur im Frühling. Biologisch betrachtet, findet die menschliche Paarungszeit einmal im Monat statt und nicht im April oder im Mai. Den Monatszyklus einer Frau steuert eine ganze Reihe von Hormonen, die sich dabei gegenseitig verstärken bzw. hemmen, die Eizellen heranreifen lassen, den Eisprung auslösen und die Gebärmutter auf eine mögliche Befruchtung vorbereiten.

Menschen sind hormonell nicht auf »Brunftzeiten« festgelegt wie viele Tiere. Für die Erhaltung unserer Art wäre das auch nicht sinnvoll, denn der menschliche Nachwuchs braucht ja sowieso mehrere Jahreszyklen, bis er auch nur annähernd selbständig ist.

Und trotzdem entdeckt man immer wieder, dass sich auch bei uns Menschen die Jahreszeiten in den Hormonen spiegeln. Einzelne Studien ergeben zusammen ein Bild. Bei den Männern sinken die männlichen Testosteronwerte im Winter und steigen erst im Frühling langsam wieder an. Wissenschaftler der Universität Graz haben beispielsweise 2010 einen Zusammenhang von Testosteron mit dem Spiegel von Vitamin D festgestellt. Dieses wird in der Haut mit Hilfe von Sonnenlicht gebildet. Einen direkten Zusammenhang zwischen Testosteron und Frühlingsgefühlen herzustellen bleibt trotzdem schwierig. Obwohl man davon ausgeht, dass das Hormon den Geschlechtstrieb des Mannes beeinflusst, kann man weder nachweisen, dass erhöhte Testosteronspiegel größere sexuelle Aktivität bedeuten, noch, dass sie die Fruchtbarkeit des Mannes erhöhen.

Vielleicht beeinflusst die Sonne auch den weiblichen Zyklus, darauf gibt es vereinzelte Hinweise. Sicher ist, dass sich ein Zusammenhang zwischen der Jahreszeit und der Geburtenrate feststellen lässt – zumindest für die Zeit vor 1950. Für Länder wie Deutschland oder Schweden entdeckten Wissenschaftler um Till Roenneberg zwei eindeutige »Hochs« in der Geburtenrate: eines im Frühling (von im Frühsommer gezeugten Kindern) und eines im Herbst (von im Winter gezeugten Kindern). Sie werteten dazu Daten ab dem 18. Jahrhundert aus und stellten etwas Spannendes fest: Diese Spitzen in der Statistik wurden ab der Mitte des 20. Jahrhunderts deutlich flacher. Man vermutet, dass die Menschen aus den industrialisierten Ländern durch künstliches Licht und den Aufenthalt in gut geheizten (oder gekühlten) Innenräumen viel weniger der Umwelt (und damit den Jahreszeiten) ausgesetzt sind als früher und diese deshalb auch keinen so großen Einfluss auf unser Fortpflanzungsverhalten mehr hat.

Natürlich hat sich auch mit der künstlichen Verhütung und der modernen Lebensweise viel geändert. Die Frühlingsgefühle halten sich trotzdem hartnäckig – vielleicht weil sie ein Teil unserer Kultur geworden sind.

Das ultimative Messinstrument unserer Zeit jedenfalls, die Suchmaschine Google, registriert natürlich auch, in welchen Zeiten wir uns mehr für die Paarung interessieren als sonst: Neben dem Winter ist es eindeutig der Frühsommer, in dem wir vermehrt nach Stichwörtern wie »nackt« oder »Porno« googeln.

Was sind Hormone?

Gehen wir zurück in die Urzeit: Am Anfang waren alle tierischen und pflanzlichen Lebensformen noch Einzeller. Im Laufe der Zeit entwickelten sich mehrzellige Lebewesen. Die voneinander unabhängig existierenden Zellen mussten nun aber koordiniert werden, damit diese Wesen lebensfähig blieben. Es wurden interne Prozesse gebraucht, die das System im Gleichgewicht hielten. Die Zellen mussten miteinander kommunizieren. Genau dazu dienen seit den Anfängen die Hormone, und zwar in pflanzlichen, tierischen und damit auch in menschlichen Lebensformen. Hormone können sich über die Blutbahn im ganzen Körper verteilen, wirken aber nur in den Zellen, für die sie bestimmt sind. Nur diese besitzen die passenden Rezeptoren und können die Nachricht der Hormone »lesen«.

Die Erforschung dieser Botenstoffe begann mit der Entdeckung der sogenannten endokrinen Drüsen, wie etwa der Hirnanhangsdrüse (Hypophyse), der Schilddrüse oder den Keimdrüsen (Hoden bzw. Eierstöcke). In einem frühen Hormonexperiment, Mitte des 19. Jahrhunderts, setzte man beispielsweise kastrierten Hähnen die abgetrennten Hoden in die Bauchhöhle ein. Daraufhin schwoll den Hähnen der Kamm wieder an, und sie verhielten sich auch sonst wieder dominant-männlich. Damit war klar, dass sich ein Stoff aus den Hoden über den Blutkreislauf im ganzen Körper verteilte und dort zu Reaktionen führte. Heute nennen wir diesen Stoff Testosteron. Inzwischen weiß man auch, dass Hormone nicht nur von spezialisierten Drüsen, sondern von fast jedem Organ des menschlichen Körpers produziert werden können.

Hormone steuern unser Wachstum, den Energiestoffwechsel, unsere Fortpflanzung und auch unser Gefühlsleben. Bei Tieren haben Hormone die gleichen Funktionen, und Wissenschaftler stellten bald fest, dass bestimmte Hormone aus tierischem Gewebe auch beim Menschen wirken. Die ersten Behandlungen von hormonellen Erkrankungen erfolgten (mehr oder weniger erfolgreich) mit extrahierten tierischen Hormonen. Inzwischen kann man viele dieser chemisch sehr komplexen Moleküle synthetisch herstellen.

Übrigens haben auch Pflanzen einen Hormonhaushalt. In ihnen steuern die Phytohormone die Entwicklung und das Wachstum. Am bekanntesten ist Ethylen, ein gasförmiges Pflanzenhormon, das den Reifeprozess fördert. Weil reife Pflanzen es absondern, ist Reifen quasi ansteckend. Eine gelbe Banane etwa wird neben einem Apfel viel schneller braun.

Wie sieht es mit den Frühlingsgefühlen der Tiere aus?

In einer amüsanten Glosse in der *Süddeutschen Zeitung* überlegte sich Christian Weber, was wäre, wenn wir Menschen auch einmal im Jahr für einen Zeitraum »brünftig« würden wie die Tiere. Ausgerechnet zur Adventszeit würden wir uns zwei Wochen lang nur der Fortpflanzung widmen, dem Glühwein am Weihnachtsmarkt wäre schon vorsichtshalber ein Kondom beigelegt, und die Hebammen wären elf Monate im Jahr ohne Arbeit.

In der Tierwelt sind der Hormonhaushalt und die Fortpflanzung eindeutigen jahreszeitlichen Rhythmen unterworfen. In unseren Breiten spielen der Frühling und der Frühsommer meist eine wichtige Rolle. Erst die wärmeren Temperaturen und das Wachstum der Pflanzen ermöglichen eine Aufzucht des Nachwuchses. Gezeugt wird dieser allerdings nur bei einigen unserer heimischen Tiere im Frühling. Das ist eigentlich nur bei

denjenigen Tieren der Fall, die eine kurze Austragungs-
oder Ausbrützeit haben: Vögel, kleine Waldtiere wie das
Hermelin oder der Marder oder die Murmeltiere. Der
Fuchs entwickelt schon im Februar Frühlingsgefühle
und bringt seine Jungen nach 1,5 Monaten pünktlich
zum Osterhasen auf die Welt.

Größere Tiere, wie Wildschweine, Rotwild und Rehe,
tragen ihren Nachwuchs länger aus. Sie mussten also ihre
Balz- und Brunftzeiten so anpassen, dass die Jungen im
Frühjahr geboren werden. Besonders raffiniert machen
es die Rehe: Sie werden im Juli oder August brünftig,
danach ruht das befruchtete Ei erst einmal für vier Monate. Im Winter beginnt sich das Ei zu entwickeln, und im
Mai oder Juni wird das Kitz geboren. So finden sowohl
die Brunft als auch die Aufzucht des Nachwuchses in der
warmen, grünen Jahreszeit statt.

Die Hirsche röhren entsprechend der Tragzeit von
acht Monaten im September und Oktober, das Wild-
schwein hat seine Rauschzeit um Weihnachten herum,
ähnlich wie der Steinbock. Nur die Hasen hüpfen aus der
Reihe – bei ihnen ist fast das ganze Jahr Paarungszeit

(nur im Winter machen sie eine Pause), und sie können deshalb drei- bis viermal jährlich Junge bekommen. Eine Häsin kann dabei durch die sogenannte Superfetation während der Trächtigkeit mit einem Wurf bereits mit dem zweiten Wurf trächtig werden.

Verrückte Balzrituale

Es muss gar kein exotisches Tier sein: Das Paarungsverhalten der **Katze** mutet martialisch an. Wird die rollige Katze vom Kater bestiegen, schreit sie laut auf und schüttelt ihn nach wenigen Sekunden wieder ab.
Die Widerhaken am Penis des Katers scheinen ziemlich stark zu schmerzen. Gleichzeitig lösen diese *Spicae penis* aber den Eisprung aus, erst die mechanische Reizung führt dazu, dass die Hirnanhangsdrüse bei der Katze das entsprechende Hormon ausschüttet.

Der **Specht** lockt sein Weibchen mit einem Trommelwirbel an. Dafür setzt er sich auf einen gut klingenden Ast und schafft in 2,5 Sekunden 40 Schläge. Nach der Paarung hämmert er mit dem Weibchen gemeinsam, um eine Nisthöhle in den Baumstamm zu schlagen.

Das **Nilpferd** macht mit einem anderen Wirbel auf sich aufmerksam. Es verteilt seinen Kot mit dem schnell hin und her schlagenden Schwanz meterweit in der Umgebung.
Ganz sicher wissen wir nicht, was es damit sagen will, aber es ist wohl entweder das Markieren seines Reviers oder einfach ein Signal für Kraft und Gesundheit an das andere Geschlecht.

Der **Ohrwurm** *(Euborellia plebeja)* hat zwei Penisse. Praktisch! Bricht ihm beim Sex einer ab, kann er einfach mit dem anderen weitermachen.

Männliche Stachelschweine signalisieren den Weibchen sehr deutlich, dass sie bereit zur Paarung sind. Mit einem kräftigen Strahl Urin machen sie ihre zukünftige Partnerin von oben bis unten nass.

Das Männchen der **Schwarzen Witwe** ist da schon vorsichtiger: Es ist viel kleiner als das Weibchen und nähert sich lieber langsam, um nicht gleich als Beute aufgefressen zu werden. Aber auch nach der Paarung kann ihm dieses Schicksal noch blühen, daher der Name dieser Spinnenart.

Bei den **Hyänen** haben ebenfalls die Weibchen das Sagen. Diese Dominanz machen sie durch eine stark vergrößerte Klitoris deutlich, die aus ihrem Körper herausragt.

WARUM KÜSSEN WIR UNS?

Küssen ist biologisch betrachtet überhaupt nicht notwendig. Wir könnten auch ohne zu küssen überleben, was man schon allein daran sieht, dass sich rund ein Zehntel der Bevölkerung, also 700 Millionen Menschen, nie mit den Lippen berührt.

Andererseits hat der Kuss – zumindest bei den restlichen 90 Prozent – eine gesellschaftliche Bedeutung, in einigen Regionen der Welt sogar eine sehr hohe. An ihren ersten Kuss können sich wohl die meisten von uns ganz genau erinnern. Und ist nicht gerade der kleine, unscheinbare Kuss auch später in unserer Beziehung ein wichtiger Indikator dafür, ob diese noch lebendig ist? Wer nicht mehr küsst, bei dem geht auch oft die Beziehung den Bach runter.

Aber warum küssen wir überhaupt? Die Wissenschaft hat sich auch bei dieser Frage um Antworten bemüht. Die erste wissenschaftliche Theorie geht davon aus, dass Küssen einst eine Form des Nahrungsaustausches war. Mütter fütterten auf diese Weise ihre Kinder, afrikanische Volksstämme wie die Himba in Namibia praktizieren das noch heute.

Die zweite Antwort der Wissenschaft geht davon aus, dass der Kuss eine erotische Handlung ist, eine Art Vorspiel zum Sexualakt. Die amerikanische Evolutionsbiologin Helen Fisher sagt, dass Männer mit einem Kuss die Lust der Frauen entfachen wollen, sie signalisieren, dass sie den Wunsch nach mehr haben. Frauen wiederum testen auf diese Weise, ob sie den Mann für tauglich erachten. Frauen würden ungern mit einem Mann schlafen, ohne ihn vorher zu küssen. Beim Kuss gehe es auch um den Austausch von Informationen. Geruch, Geschmack, Gefühl – all das liefere Argumente für die unbewussten Mechanismen, die Menschen entscheiden lassen. Die amerikanische Forscherin Sarah Woodley glaubt sogar, dass wir beim Küssen den Immunstatus des möglichen Partners testen, also gegen welche Erkrankungen er geschützt ist – ein Indikator für seine Lebenserwartung und die möglicher gemeinsamer Nachkommen.

Es ist schwer zu beurteilen, ob diese evolutionsbiologischen Erklärungen wirklich stichhaltig sind. Kulturgeschichtler und Philosophen wie Alexandre Lacroix halten entgegen, dass beileibe nicht alle Regionen der Erde den Kuss, zumal den öffentlichen, praktizieren. »Bis 1950 hat nur der Okzident geküsst«, sagt der französische Autor des Buchs »Kleiner Versuch über das Küssen«.

Bleibt noch Theorie drei: Für den berühmten Wiener Psychiater Sigmund Freud geht jedes orale Bedürfnis, auch das Küssen, auf die eigene Erfahrung als Säugling zurück, der mit dem Mund an der Mutterbrust saugt und so genährt wird. Das Küssen sei uns demnach angeboren, eine Art Ur-Instinkt. Dem Kind diene noch der Daumen als Ersatz, ihm folge der küssende Mund. Unbewusst wollen wir dabei letztlich wieder gestillt werden.

Wie viel in der Öffentlichkeit geküsst wurde und welche Bedeutung wir dem Kuss verleihen, ist stark kulturell geprägt. So ist beispielsweise der romantische Kuss eine Erfindung des 18. Jahrhunderts. Der französische

Schriftsteller und Philosoph Jean-Jacques Rousseau sah im Kuss eine romantische, authentische Geste zweier liebender Menschen. Mit seinem Briefroman »Julie oder die neue Héloise« schrieb er nicht nur ein flammendes Plädoyer für die Liebesehe – sondern landete auch einen der größten Bucherfolge des 18. Jahrhunderts. In Goethes »Die Leiden des jungen Werthers« wird die Kussszene im Wald zum Inbegriff des romantischen Kusses – ein Zelebrieren des innigen, tiefen Gefühls zweier Menschen füreinander.

Hier springen wieder die Sexualforscher bei und bestätigen dem innigen Kuss auch eine biochemische

Relevanz. Er produziere ein Feuerwerk an Glückshormonen, ebenso steige der Puls. Sich zu küssen stärke zudem das Immunsystem, rege die Bildung von Abwehrzellen an, schärfe die Wahrnehmung und schone Herz und Kreislauf. Die Pegel von Stresshormonen wie Kortisol oder Adrenalin sinken, sogar die Cholesterinwerte fallen, allerdings nur, wenn sich Menschen oft und lange küssen. Wenn das keine klare Ansage ist!

Kusswissen

Paare in Frankreich und in Italien küssen sich deutlich häufiger als solche in China oder Japan. Während die einen ungefähr siebenmal am Tag küssen, tun dies die Menschen in Fernost nur einmal alle zwei Tage.

Im Schnitt küssen Menschen im Leben **120 000 Minuten,** also rund 2000 Stunden.

Bei einem intensiven Kuss werden **80 Millionen Keime** ausgetauscht. Im neu eröffneten niederländischen Mikroben-Museum Micropia in Amsterdam können sich Paare küssen und sofort erfahren, wie viele und welche Bakterien sie dabei ausgetauscht haben. Falls die Paare sich neunmal oder häufiger am Tag küssen, gleicht sich die Keimzusammensetzung im Mund einander an.

Pro Zungenkuss geben wir auch 0,7 Gramm Fett, 0,45 Milligramm Salz und 9 Milligramm Wasser an unseren Partner ab.

Küssen ist auch ein bisschen Sport: Wir bewegen dabei etwa **30 bis 40 Muskeln** – und verbrennen rund 4 kcal pro Minute.

WARUM SIND BLÄTTER GRÜN?

Jeden Frühling frage ich mich aufs Neue, wie viele verschiedene Töne von Grün es wohl gibt. Hunderte, Tausende? Kaum eine andere Farbe kann ihre Möglichkeiten so gut zeigen wie das Grün im Frühling. Jeder Grashalm, jedes Blatt an jeder Blume, jedem Busch und jedem Baum hat einen anderen Farbton. Und die Grüntöne wirken morgens anders als in der Mittagssonne oder abends vor dem Sonnenuntergang. Sie schimmern neu, wenn die Luft feucht ist oder Regen darauf fällt, wenn die Sonne scheint oder der Himmel wolkenverhangen ist. Ja sogar der Wind kann einen Unterschied ausmachen, weil er die Blätter bewegt und das Licht sich je nach Winkel anders bricht. Die Farbe ändert sich auch im Lauf eines Blattlebens: Ein junges, gerade austreibendes Blatt im Frühling leuchtet anders grün als später im Sommer, wenn es erwachsen ist.

Grün ist die Farbe des Wachstums – und das ist diesmal nicht wirtschaftlich gemeint. Das Wort »grün« stammt vom althochdeutschen *gruoen* ab, was wachsen, gedeihen oder sprießen heißt. Viele Menschen empfinden grün als beruhigend. Im Mittelalter war die Farbe ein Symbol für eine frische, junge Liebe.

Könnten Blätter auch eine andere Farbe als grün haben?

Blätter sind Lichtfänger. Sie brauchen die Energie des Lichts, um Kohlenhydrate wie Zucker oder Stärke herstellen zu können. Wir nennen diesen Vorgang Photosynthese, es ist der wichtigste biochemische Vorgang auf unserem Planeten. Er stellt den Pflanzen und dadurch auch vielen anderen Lebewesen die elementaren Baustoffe des Lebens zur Verfügung. Ohne die Photosynthese sähe die Erde anders aus. Nur mit ihrer Hilfe lässt sich die energiereiche Sonnenstrahlung einfangen. Mit dieser Energie wird dann aus Wasserstoff im Wasser und Kohlenstoff aus (dem Kohlendioxid) der Luft die Nahrungsgrundlage der meisten Lebewesen erzeugt – und nebenbei auch noch der so wichtige Sauerstoff. Eine große Buche produziert beispielsweise pro Tag 40 Kilogramm Sauerstoff, so viel wie 50 Menschen täglich zum Atmen brauchen.

Der Farbstoff in den Pflanzenzellen, der hier die Schlüsselrolle spielt, nennt sich Chlorophyll. Es steckt in winzigen linsenförmigen Körnchen in den Blättern und fängt das Licht ein. Aber eben nicht alles sichtbare Licht mit seinen unterschiedlichen Farben, sondern nur blaues und hellrotes Licht. Grünes Licht mit Wellenlängen zwischen 480 und 560 Nanometern kann das Chlorophyll nicht gebrauchen. Es streut es zurück – und wir sehen es als Farbe der Blätter. In den Blattzellen stecken noch weitere Stoffe, die die Blätter farbig erscheinen lassen könnten. Aber diese Karotinoide und Anthozyane sind

das ganze Jahr über bis zum Herbst mit einer anderen Aufgabe betraut, sie sind eine Art Sonnencreme der Pflanzen und schützen die Blätter vor zu starkem Sonnenlicht. Mengenmäßig sind sie im Vergleich zum mächtigen Chlorophyll in der Unterzahl – und deshalb farblich zu schwach. Erst wenn dieses seine Pflicht getan hat und sich im Herbst aus den Blättern zurückzieht, um im

Stamm und in den Ästen der Bäume zu überwintern, beginnen die Karotinoide ihre Leuchtkraft zu entfalten. Dann sehen wir ein Meer aus kräftigen Orange- und Rottönen.

Unsere Erde hätte anders aussehen können, mit blauen oder roten Bäumen. Das Ergrünen der Welt im Frühjahr ist nur diesem biochemischen Zufall zu verdanken. Vielleicht gibt es irgendwo draußen im Universum eine andere Welt mit andersfarbigen Pflanzen, die gelernt haben, die Energie ihrer Sonne anders zu nutzen.

Die größten Blüten

Blüten duften und locken somit Schmetterlinge und Insekten zum Bestäuben an. Für den Duft verantwortlich sind meist wohlriechende Terpene, die Hauptbestandteile ätherischer Öle. Parfümeure kreieren mit ihrer Hilfe die schönsten, sinnlichsten Düfte. Allerdings verfolgen ausgerechnet die drei Rekordhalter unter den Blühpflanzen eine ganz andere Strategie: Die Blütengiganten setzen auf Aasgeruch. Durch diesen Kadavergeruch werden bestimmte Insekten angelockt, die die Pflanzen bestäuben.

1. Titanenwurz *(Amorphophallus titanum)*

Jedes Jahr gibt es ein Riesenspektakel, wenn in den botanischen Gärten ein Titanenwurz blüht. Der Bonner Garten macht traditionell am meisten Wirbel, er hat aber auch ein Prachtexemplar, das bis ins Jahr 2005 mit 2,81 Meter Blütenhöhe sogar den Weltrekord hielt. Ihm folgte der Titanenwurz aus dem zoologisch-botanischen Garten Wilhelmina in Stuttgart mit 2,94 Metern (immer noch der deutsche Rekord), der wiederum den Weltrekord am 18. Juni 2010 an ein Prachtstück aus New Hampshire in den USA verlor: 3,10 Meter ist die neue Messlatte. Der Blüte folgt der Verwesungsgestank. So will die Pflanze Aaskäfer anlocken. Nach drei Tagen ist das Spektakel vorbei – und die Pflanze hoffentlich bestäubt.

2. Riesenrafflesie *(Rafflesia arnoldii)*

Sie hat die Blüte mit dem größten Durchmesser. Mehr als einen Meter erreicht die Riesenrafflesie, die weder Blätter noch Wurzeln hat. Sie ist ein Schmarotzer, der sich mit Hilfe eines wurzelartigen Netzwerks von seiner Wirtspflanze ernährt. Sie macht dafür keine Photosynthese. Erst vor wenigen Jahren ist es amerikanischen Botanikern gelungen, die fast 8 Kilogramm schwere Pflanze genetisch einzuordnen. Sie gehört wie Weihnachtsstern, Gummibaum und Maniok zu den Wolfsmilchgewächsen *(Euphorbiaceae)*. Auch die Riesenrafflesie lockt mit Hitze und Aasgeruch Insekten an. Die tiefrote Blüte braucht 9 Monate, bis sie sich öffnet. Evolutionär ist die Riesenrafflesie ebenfalls ein Rekordhalter: Die Blüte sei in den vergangenen 6 Millionen Jahren auf das 79-Fache ihrer einstigen Größe angewachsen, so Harvard-Botaniker Charles Davis, alle anderen Mitglieder der Familie haben eher kleine Blüten. Dieser evolutionäre Spurt ist einer der dramatischsten, die man überhaupt

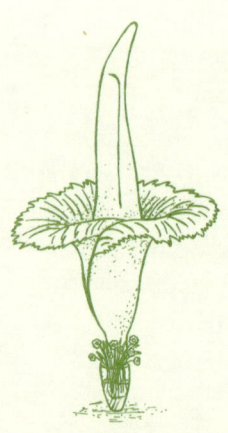

in der Pflanzenwelt beobachtet habe. Hätten wir Menschen so eine Entwicklung durchlaufen, wären wir heute 146 Meter groß, so hoch wie die Große Pyramide von Gizeh.

3. Großblumige Pfeifenblume *(Aristolochia grandiflora)* Die Blüten der größten aller mittelamerikanischen Pflanzenarten hat zwar im Vergleich zu den anderen Rekordhaltern mit maximal 50 Zentimetern einen kleineren Durchmesser, doch rechnet man den Fortsatz an der Spitze der Blütenblattlippe hinzu, ergeben sich rekordverdächtige 4,5 Meter. Die Blüte lockt ebenfalls mit Aasgeruch Fliegen ins Innere, verschließt dann die Blüte und hält die Insekten einen Tag lang gefangen – bis sie bestäubt ist.

WIRD EUROPA
IMMER GRÜNER?

Es sind vielleicht nur flüchtige Eindrücke aus dem Urlaub. Die Wälder auf den Hügeln der Maremma in der südlichen Toskana beispielsweise sind grüner geworden, man sieht dicht bewachsene Hänge mit Macchia- und Steineichenwäldern. Es gibt alte Fotos, die relativ kahle

Bergrücken zeigen. Dasselbe Bild in Südfrankreich nahe Avignon. In der Vaucluse sind ganze Gebirgszüge bei Apt oder Roussillon, die vor mehr als 110 Jahren kahl waren, flächig wieder aufgeforstet worden. Wird Europa tatsächlich immer grüner?

»Das sind keine zufälligen Beobachtungen«, sagt der Geoinformatiker und Umweltforscher Richard Fuchs. Mit Kollegen von der Wageningen University zeigte er, dass der gesamte europäische Kontinent deutlich grüner geworden ist. »Vom Jahr 1900 bis heute ist die Waldfläche um ein Drittel angewachsen«, sagt Fuchs.

Die Auswirkungen sieht man europaweit, im Norden Spaniens haben sich die Waldflächen vergrößert, im Süden Frankreichs, quer über den gesamten italienischen Stiefel in den Mittelgebirgsregionen, in Finnland, Norwegen, Schweden oder Schottland. In Deutschland ist die Zunahme nur gering, der Waldanteil stieg von 27 Prozent im Jahr 1900 auf heute 31 Prozent. Zuwachsspitzenreiter sind Großbritannien und die Niederlande. Um 1900 gab es dort fast keine Wälder mehr, heute liegt der Waldanteil wieder bei rund 11 Prozent. »Das waren Seefahrernationen«, sagt Fuchs. »Sie hatten Holz in rauhen Mengen für den Schiffsbau benötigt.«

Ausnahme im europäischen Trend sind Gegenden im Süden, die aufgrund neuer künstlicher Bewässerung landwirtschaftlich intensiv genutzt werden, etwa die spanische Region Almeria. Unter dem Plastikmeer der Treibhäuser reifen rund 80 Prozent der spanischen Gemüseexporte. Wälder sucht man dort vergebens.

Die Geoinformatiker verwendeten für ihre Analyse Satellitendaten, topographische Karten sowie nationale und internationale Statistiken etwa der UN-Welternährungsorganisation oder der europäischen Statistikbehörde Eurostat. Die Daten für die erste Hälfte des 20. Jahrhunderts stammen von alten Militärkarten früherer

Großmächte wie des Kaiserreichs Österreich-Ungarn und Statistiken aus alten Enzyklopädien. Man habe sogar in Antiquariaten alte Landnutzungskarten entdeckt, erzählt Fuchs.

Auch den Hauptgrund für das Ergrünen konnten die Umweltforscher ausmachen. Holz war bis weit in das 20. Jahrhundert ein elementarer Rohstoff. Ohne Holz wäre ein wirtschaftlicher Aufstieg oft nicht möglich gewesen. Das Material wurde für beinahe alles gebraucht: als Brennstoff, als Heizmaterial bei der Metallherstellung, für Möbel, im Schiffs- und Hausbau, für Strommasten, in Bergwerken als Stützpfeiler, im Schienenbau als Schwellen, im Krieg für den Schützengraben. Seit dem Mittelalter hatte man die Wälder in Europa rücksichtslos abgeholzt. Spätestens um 1900 blieben kaum Wälder in Europa übrig. Eine Zeitlang behalfen sich die Länder mit Holzimporten aus Kanada. Doch spätestens nach dem Zweiten Weltkrieg erkannten viele Nationen, dass massiv aufgeforstet werden musste.

Wichtig waren auch Entwicklungen in der Landwirtschaft. Synthetische Dünger und die Tatsache, dass immer mehr technisches Gerät zum Einsatz kommt, haben ebenfalls erhebliche Auswirkungen auf das europäische Landschaftsbild. Die intensivere Landwirtschaft ermöglichte es, die Anbauflächen insgesamt zu verkleinern. In manchen Regionen, die technisch gut zu bewirtschaften waren, nahm die Anbaufläche zu. Dagegen verschwand die Landwirtschaft aus Regionen, die für große Maschinen schwerer zugänglich waren. Das erklärt auch, warum in der Vaucluse oder der Maremma die Waldflächen zugenommen haben. Ein wenig bremst Fuchs die Euphorie angesichts des grüneren Kontinents aber doch. »Unsere Analyse bezieht sich nicht auf den Zustand der Wälder«, sagt Fuchs. »Vom Erblühen der Landschaften würde ich auf keinen Fall sprechen.« Denn mehr noch als die Wälder legten die Städte zu: Seit 1900 verdoppelten sich die Siedlungsflächen fast. Dies heißt auch, dass deutlich mehr Land versiegelt wurde.

Dieses Versiegeln hat auch Auswirkungen an Orten, denen wir kaum Beachtung schenken. Ich will an dieser Stelle auch mal die Gelegenheit nutzen, genau hinzuschauen auf etwas, das kaum beachtet wird.

LOB DER PFÜTZE

Pfützen gehören zu den Dingen, die einem im Lauf des Lebens irgendwie abhandenkommen. Als Kind springt man mit Wollust hinein und freut sich, wenn es spritzt und man sich so richtig schön einsauen kann. Pfützen gehören zur Kindheit dazu. Irgendwann fängt man an, über sie drüberzuhüpfen, was auch schön sein kann. Und noch ein bisschen später beginnt man, Pfützen zu umgehen. Es gibt ein Bild des berühmten französischen Fotografen Henri Cartier-Bresson, das ich sehr mag. Inmitten einer riesigen Pfütze springt ein Mann von einer flach im Wasser liegenden Leiter über die weite Fläche. Der hüpfende Mann am Gare Saint-Lazare schwebt für einen Moment in der Luft und spiegelt sich dabei im Wasser, seine Silhouette sieht aus wie ein Ampelmännchen. Vermutlich wird er gleich mit einem riesigen Pflatsch aufkommen, aber diesen Moment zeigt Cartier-Bresson nicht. Für mich geht es in diesem Bild um die Magie einer Pfütze.

Pfützen haben sehr interessante Eigenheiten. Eine kleine Pfütze neigt dazu, im Lauf der Zeit immer größer zu werden. Das ist einer der Gründe, wieso auf meiner Laufstrecke entlang der Isar jedes Frühjahr die Wege neu aufgekiest werden. Nach einem Regen ist der Boden erst einmal aufgeweicht, dann fahren Leute mit dem Fahrrad durch die Pfütze und verspritzen das braune, schlammige Wasser, oder Kinder springen mit Schwung hinein. So verteilen sie den Schlamm, die Pfütze wächst, sie gewinnt an Breite und Tiefe. Schwebeteilchen im Schlamm sinken zu Boden, meist sind es lehmige Teilchen, die die Pfütze langsam nach unten abdichten. Beim nächsten Regen bleibt das Wasser schon länger stehen, weicht den Boden weiter auf und macht die Pfütze wieder größer. Pfützen, die man auch Lache, Sudel, Lacke (österreichisch), Lackerl, Lusche oder Glungge (schweizerdeutsch) nennt, sind schon erstaunliche Erscheinungen.

Sie sind – was viele nicht wissen – auch als Lebensräume für viele Tierarten überlebenswichtig. In unserer zivilisierten Welt werden diese Rückzugsgebiete allerdings zunehmend kleiner. Wir legen Straßen mit leichter Wölbung an, damit das Wasser ablaufen kann. Wir versiegeln immer mehr Böden, befestigen und teeren auch noch die kleinsten Wege. Wir zwängen Flüsse in Deiche, so dass sie nicht mehr die Auen überfluten und Pfützen zurücklassen können. Doch Vögel brauchen Pfützen als kleines Gewässer zum Baden und Trinken, Fledermäuse nutzen sie als Nahrungsquelle, und Schwalben finden hier Material für ihre lehmigen Nester. Für einige Tiere sind sie der Ursprungsort ihres Lebens. Die stark gefährdete Gelbbauchunke braucht sie zum Laichen, der Froschlurch mit den herzförmigen Pupillen kann ohne sie nicht überleben. Molche, Kaulquappen, Blattfußkrebse, Wasserkäfer, Libellen und zahlreiche andere Amphibien nutzen das oft nur winzige Biotop. Auch manche Pflanzen wie beispielsweise Moose brauchen die Pfütze. Wasser ist Leben, auch wenn es nur kurz da ist. Manche Tiere haben ihre Strategie darauf ausgelegt, eine wenige Zentimeter tiefe Pfütze für kurze Zeit zu bevölkern.

Das klingt erst einmal verrückt, sie könnten doch auch einfach normale Gewässer nutzen. Doch betrachtet man das System genauer, steckt eine zwar riskante, aber ausgefeilte Strategie dahinter. Die Pfützen sollen und dürfen nämlich zwischendurch austrocknen.

Denn dabei sterben nicht nur die Amphibienlarven, sondern auch jene all ihrer Fressfeinde, also die von Käfern, Libellen oder – wenn es kleine Teiche sind – die von Fischen. Danach ist die Pfütze sozusagen sicher. Wenn dann der Regen auf den Boden prasselt, ist sie in kürzester Zeit gefüllt – und wird sofort von Mikroorganismen besiedelt. Legt jetzt ein Tier seine Larven hinein und bleibt die Pfütze ausreichend lange feucht, ist eine ganze Generation gesichert. Die Verluste aller zu früh ausgetrockneten Pfützen sind so ausgeglichen. Hoch riskant, aber effektiv.

Genau diese Pfützen und auch die vielen kleinen temporären Tümpel, die es in der Landschaft gab, sind zu 80 Prozent verschwunden. Schuld sind meist menschliche Eingriffe. Dass die Pfütze bedroht ist, zeigt auch ein Blick auf die Bestandszahlen von Tieren, die von und in ihr leben. Gerade Amphibienarten, die temporäre Gewässer nutzen, sind stark bedroht. Naturschützer legen deshalb vermehrt künstliche Pfützen an, in ehemaligen Kiesgruben oder Steinbrüchen. Anna Bruzinski arbeitet für den Naturschutzbund Nabu und legte kürzlich, wie die *Süddeutsche Zeitung* berichtete, im Westen Freiburgs Pfützen für Gelbbauchunken an. Damit die Unke nicht auch noch in Baden-Württemberg ausstirbt, wie zuvor schon in Hessen und Niedersachsen. Bruzinski erzählt von den Brunftrufen der Gelbbauchunken-Männchen: UuUuUuh. »Das Quaken klingt ganz tief, wie das Gurren von Tauben«, sagt sie, kein anderes Tier klinge so. Es ist der Klang der Pfützen.

WIE BIENEN EIN
NEUES ZUHAUSE FINDEN

Es ist ein besonderer Moment, wenn sich ein Bienenvolk teilt. Innerhalb von Minuten schwärmen bis zu 10 000 Bienen mit der alten Königin aus und überlassen den Stock der anderen Hälfte der Bienen und einer neuen Königin. 500 Bienen pro Minute verlassen ihre alte Heimat. Das ist ein gewaltiges Schauspiel der Natur mitten im Mai – und notwendig, um sich zu vermehren und Verluste des Winters auszugleichen. Zuvor stieg die Zahl der Bienen im Stock an, bis es fast unerträglich eng wurde, dann zog das Volk eine neue Königin heran.

Bienenforscher um Jürgen Tautz erforschen solche Vorgänge in Bienenvölkern. Wer genau das Signal für die Teilung der Völker gibt, ist noch nicht geklärt. Aber Tautz zeigte, dass kurz vorher die Temperatur im Stock von 35 auf 39 Grad Celsius ansteigt, die Flugaktivität der Bienen praktisch zum Erliegen kommt und sie keinen Honig mehr sammeln. Das ist eine Art Startsignal, das alle mitbekommen.

Einmal draußen, beginnt der Schwarm, ein neues Zuhause zu suchen. Das wird nicht etwa vorab erledigt, es ist ein Aufbruch ins Unbekannte. Die 10 000 Bienen formen eine zigarrenförmige Wolke, fliegen dann langsam und allmählich schneller mit bis zu 10 km/h los. Alle Bienen schwirren dicht an dicht, obwohl zu diesem Zeitpunkt praktisch niemand das Ziel kennt.

Nun folgt die Quartiersuche. Einige hundert meist erfahrene Bienen schwärmen aus, suchen ein neues Zuhause, kommen zurück und tanzen mit ihrem typischen Bienentanz den Weg vor. Anfänglich tanzen Dutzende Bienen und versuchen, den Schwarm von ihrem Weg zu überzeugen. Immer mehr Tänzerinnen geben dann auf, bis nur noch ein Weg übrig bleibt. Für ihre Kommunikation haben die Bienen erstaunliche Wege, neben dem Tanz können sie auch Pieplaute ausstoßen und im dichten Schwarm über Vibrationen oder einen Wechsel ihrer Körpertemperatur kommunizieren. All diese Möglichkeiten nutzen die Bienen später auch, wenn sie ihren Artgenossen neue Futterplätze mitteilen wollen.

Haben die Bienen sich kollektiv auf das neue Heim geeinigt, geht es nur noch darum, den Weg für den

Schwarm zu kennzeichnen, was mit Hilfe von Duftstoffen wie Geraniol geschieht. Das Ziel markieren einige Bienen zusätzlich mit gut hörbaren Brauseflügen. Man muss kein Bienenforscher sein, um diesen Vorgang faszinierend zu finden. In der heutigen Realität der Imker, die auf ihre Nutzvölker achten und sie selbst umsiedeln, passiert so eine Trennung nicht mehr so häufig.

Bienenwissen

Eine Felsmalerei in einer Höhle bei Valencia zeigt, dass Menschen schon **vor 12 000 Jahren** Bienen nutzten, um an Honig zu gelangen.

Einmal schaffte es die Biene sogar zum Wappentier. Drei Bienen als Symbol für Arbeit, Sparsamkeit und Süße nahm **Papst Urban VIII.** in sein Symbol auf.

Bienen bestäuben alle Obst- und etwa ein Drittel aller Gemüsesorten. Damit sorgen sie für **ein Drittel aller Nahrungsmittel** für uns Menschen – Bienen sind also ein gewaltiger Wirtschaftsfaktor.

Bienen beschäftigen eine Reihe von Spezialistinnen in ihrem Schwarm. Eine davon ist **die Heizerbiene,** sie kann Körpertemperatur von bis zu 44 Grad Celsius erreichen, das sind neun Grad mehr als die Bruttemperatur im Bienennest. Sie erreicht das durch extremes Zittern der Flugmuskulatur.

Im vergangenen Winter ging ein Drittel aller Bienenvölker in Deutschland zugrunde, ein Höchstwert seit 2003. Normalerweise sterben nur 10 Prozent. Aktuell bleiben noch **525 000 Völker** übrig, sagt der Deutsche Imkerverband. Varroamilben hatten den durch die milde Witterung geschwächten Bienen zugesetzt.

Die exakt sechseckige Wabenform mit ihren präzisen 120-Grad-Winkeln ist ein **Meisterwerk der Natur** – auch statisch. Mit lediglich 40 Gramm Wachs gelingt es den Bienen, zwei Kilogramm Honig zu halten.

———

UNSERE FÜNF SINNE

Im Frühling: Sehen

Das helle Grün der ersten Triebe, das Lila der Krokusse, das kräftige Gelb des Löwenzahns, die bunte Farbenpracht der Blumenwiese – der Frühling gleicht einer Explosion der Farben. In den ersten Strahlen der Frühjahrssonne beginnt die Welt zu leuchten. Es ist ein ganz besonderes Licht, die Sonne steht noch nicht so hoch am Himmel, und es erzeugt eine ganz besondere Stimmung. Nach diesem Licht und nach diesen Farben haben wir uns in den trüben, dunklen, eintönigen Wintermonaten gesehnt. Für mich ist deshalb das Sehen die Hauptwahrnehmung des Frühjahrs. Natürlich schmecken, riechen, fühlen und hören wir ihn auch, aber die Magie des Frühjahrs nimmt vor allem das Auge wahr.

Vor mittlerweile fast 20 Jahren habe ich mein perfektes Bild für den Frühling gefunden. Ich genoss die ersten warmen Märzsonnenstrahlen in einem Café nahe der Münchner Residenz. Da kam vom Odeonsplatz her eine Frau in einem lichtblauen Kleid und lief mit leichten Schritten Richtung Oper. Sie war einige Meter entfernt, und es schien mir, als würde sie schweben. Ihr Gesicht konnte ich kaum erkennen. Alles andere von diesem Tag habe ich vergessen, ich bin mir nicht einmal sicher, wie alt ich damals genau war. Doch das leuchtende Blau des schlichten Kleides, die schimmernden Falten und das Licht, das durch den Stoff drang, all das ist mir bis heute sehr präsent.

Fünf Milliarden Nervenzellen verarbeiten in unserem Gehirn die Bilder des Frühlings. Zunächst treffen die Lichtsignale durch die Pupille auf 130 Millionen Sehzellen in der Netzhaut unseres Auges. Dort wandeln sie die Sehzellen in biochemische Signale um. Zwei Arten von Sensoren gibt es in den Sehzellen: Rund sechs Millionen Zapfen für das Farbensehen am Tag (für die Grundfarben Rot, Grün und Blau) und mehr als 120 Millionen Stäbchen für die schwächeren Hell-Dunkel-Signale in der Dämmerung. Das Gehirn kann dabei aus den Millionen unterschiedlichen Einzelimpulsen unzählige Farbabstufungen erkennen. Die Grüntöne des Frühjahrs etwa sind ein Fest fürs Auge, hier darf es zeigen, was es kann.

Unser Auge ist auch ein Filter: Die Lichtsignale werden von einem dichten Nervengeflecht vorgefiltert, und die Informationen werden dann wie über eine Standleitung weiter ins Gehirn geschickt, zum Thalamus. Das ist eine Art Verteilerstation, an der auch andere Sinnesreize ankommen. Hier werden die Signale bewertet, bei Gefahr beispielsweise werden Bilder sofort ins eigentliche Sehzentrum geschickt, in die Großhirnrinde. Dort verarbeiten dann wiederum Milliarden von Nervenzellen die Signale und konstruieren aus den eingegangenen und gespeicherten Informationen ein farbiges Abbild der Welt – unsere persönliche Sicht der Dinge.

Das Sehen ist vermutlich unser komplexester Sinn, vielleicht ist es sogar der am höchsten entwickelte. Kein anderes Sinnesorgan versorgt uns mit so detaillierten und umfangreichen Informationen wie das Auge. Wir können

Szenen in Bruchteilen von Sekunden erfassen, wir können Farben, Formen und Gesichter erkennen, wir können Entfernungen abschätzen, für uns wichtige Bewegungen wahrnehmen und uns selbst im Raum sicher bewegen.

Dabei filtern wir beim Sehen permanent unwichtige Informationen aus und nehmen nur für uns relevante Vorgänge wahr. Diese wichtigen Ausschnitte behalten wir im Auge. Unser Gehirn lenkt die Aufmerksamkeit des Auges gezielt auf Bildbereiche, in denen sich etwa ein Freund befindet, den wir in einer Menschenmenge suchen, oder eben auch auf eine Frau mit einem hellblauen Kleid. Was wir sehen, ist stark davon abhängig, was uns interessiert, was wir erwarten und was wir schon wissen. So ist es auch zu erklären, dass wir manchmal Dinge, die sich direkt vor unseren Augen abspielen, einfach nicht sehen. Wir filtern sie aus, weil sie für uns keine Bedeutung haben. Andere Bilder speichern wir für immer ab, wie ich mein Bild eines Frühlingstags.

DANK

Ein so vielschichtiges Buch wie dieses wäre ohne die originellen Ideen, erhellenden Erklärungen und vielfältigen Anregungen von Wissenschaftlern nicht möglich. Dafür danke ich Tilo Arnhold, Asa Barber, Ralf Bender, Sebastian Bley, Thomas Brandt, Franz Brümmer, Simone Egger, Barbara Ercolano, Charlotte Förster, Brigitte Schulte-Fortkamp, Alexander Fraser, Richard Fuchs, Albert Gerdes, Michael Gliss, Gerhard Heldmaier, Bernd Herkner, Stephan Herminghaus, Gunther Hirschfelder, Hans Kemenater, Christian Lisdat, Karin Mölling, Viatcheslav Mukhanov, Werner Müller, Michael Ohl, Steve Sasson, Martin Schneebeli, Ingo Schneider, Friedemann Schrenk, Manfred Walzl, Stefan Winter, Holger Wormer und Martin Zarnkow.

Besonderer Dank gilt meiner Mitarbeiterin Katharina Roth, die mich nicht nur bei den Recherchen unterstützt hat. Sie hat auch das gesamte Manuskript akribisch gegengelesen und mir in intensiven Diskussionen viele wertvolle Ideen mit auf den Weg gegeben.

Stefan Ulrich Meyer hat den Stein ins Rollen gebracht, mit ihm habe ich das Grundkonzept besprochen. Ihm danke ich für seine Ideen und sein Vertrauen. Daniel Mursa von meiner Agentur Petra Eggers hat mein Projekt nach Kräften unterstützt. Verena Diercks und den Schülerinnen des Theresia-Gerhardinger-Gynmnasiums

München danke ich für Anregungen zu spannenden Fragen. Besonders dankbar bin ich meiner Lektorin Nadine Lipp, für ihre Begeisterung, mit der sie das Buch begleitet hat, und für ein überaus präzises, kluges und gleichzeitig behutsames Lektorat.

Zum Schluss möchte ich meiner Frau Denise und meinen Kindern Fabian, Nicolai und Laura danken. Sie haben mich in den intensiven Monaten des Schreibens unterstützt, mich mit ihren Gedanken inspiriert und ihrer klaren Kritik bereichert. Widmen möchte ich dieses Buch meinen Eltern, als Dank für ihre lebenslange Unterstützung und die Begeisterung für mein Tun.

QUELLEN

BÜCHER

David Blatner, Extremwelten: Unser unfassbares Universum von unendlich klein bis unendlich, Berlin 2013

Trevor Cox, Das Buch der Klänge, Berlin 2015

Cyril Edward, The Strange Case of the Old High German Lullaby. in: The Beginnings of German Literature: Comparative and Interdisciplinary Approaches to Old High German. S. 142–165, Camden House 2002

Simone Egger, Phänomen Wiesntracht. Identitätspraxen einer urbanen Gesellschaft: Dirndl und Lederhosen, München und das Oktoberfest, München 2006

Giulia Enders, Darme mit Charme, Berlin 2014

Hans Magnus Enzensberger, Die Geschichte der Wolken, Frankfurt/Main 2003

Hubert Filser, Das erste Mal, Berlin 2011

Andrea Fink-Keßler, Milch, Oekom Verlag, München 2012

Daniel Gethmann/Anselm Wagner: Staub. Eine interdisziplinäre Perspektive, Wien 2013

Gebrüder Grimm, Deutsches Wörterbuch der Gebrüder Grimm, Online Version: dwb.uni-trier.de

Hermann G. Hauthal/Günter Wagner (Hg.), Reinigungs- und Pflegemittel im Haushalt, Verlag für chemische Industrie, Augsburg 2007

Rudolf Heiss, Karl Eichner, Haltbarmachen von Lebensmitteln. Chemische, physikalische und mikrobiologische Grundlagen der Qualitätserhaltung, Berlin 2002

Eva Heller, Wie Farben wirken, Reinbek 2006

Gunther Hirschfelder, Europäische Esskultur – Geschichte der Ernährung von der Steinzeit bis heute, Frankfurt/Main 2005

Stefan Klein, Zeit, Frankfurt/Main 2006

Alexandre Lacroix, Kleiner Versuch über das Küssen, Berlin 2013

Harald Lesch und Harald Zaun, Die kürzeste Geschichte allen Lebens, Hamburg 2008

Franz Meußdoerffer, Martin Zarnkow, Das Bier: Eine Geschichte von Hopfen und Malz, München 2014

Karin Mölling, Supermacht des Lebens – Reisen in die erstaunliche Welt der Viren, München 2014

Bernhard Mühr, Der Wolkenatlas und ein Ausflug in die Astronomie, Gerchsheim 2008

Werner Paravicini (Hg.), Höfe und Residenzen im spätmittelalterlichen Reich, darin Beitrag von Anja Kircher-Kannemann, »Feuerwerke und Illuminationen«, Ostfildern 2005

Günther Richter, Feste und Bräuche im Wandel der Zeit. Kirmes, Kürbis und Knecht Ruprecht, Bielefeld 2011

Andrew F. Smith, Popped Culture: A Social History of Popcorn in America, Washington and London 2001

Jens Soentgen, Kurt Völzke (Hg.), Staub. Spiegel der Umwelt, München 2006

Peter Spork, Wake up! – Aufbruch in eine ausgeschlafene Gesellschaft, München 2014

Jürgen Tautz, Die Erforschung der Bienenwelt, Stuttgart 2015, Ordericus Vitalis, Historica Ecclesiastica

Günther Wagner, Waschmittel. Chemie, Umwelt, Nachhaltigkeit, Weinheim 2005

Michael Welland, Sand: The Never-Ending Story, University of California Press 2010

Marc Wittmann, Wenn die Zeit stehen bleibt, München 2015

Richard Wrangham, Feuer fangen, München 2009

Holger Wormer, Hubert Filser, Das schönste Fest des Jahres, Freiburg 2009

WEBSEITEN

www.goethezeitportal.de

www.quarks.de

www.spektrum.de

www.slf.ch

www.weltderphysik.de

www.zeit.de/serie/stimmts

ARTIKEL

Kathrin Altwegg et al., 67P/Churyumov-Gerasimenko, a Jupiter family comet with a high D/H ratio, in: Science Express, 11 Dez. 2014, doi: 10.1126/science.1261952

Charles C. Davis, Maribeth Latvis, Floral Gigantism in Rafflesiaceae, in: Science, Online 11. Januar 2007, gedruckt in Science Bd. 315, S. 1812, doi: 10.1126/science. 1135260

Alan Dundes, April Fool and April Fish: Towards a Theory of Ritual Pranks, in: Etnofoor, Jg. 1, Nr. 1. S 4 f., 1988

Elise Facer-Childs et al., The Impact of Circadian Phenotype and Time since Awakening on Diurnal Performance in Athletes, in: Current Biology, 29. Januar 2015, doi: http://dx.doi.org/ 10.1016/ j.cub.2014.12.036

Heinrich Fichtenau, Die Fälschungen Georg Zapperts, in: Mitteilungen des Instituts für Österreichische Geschichtsforschung, Bd.78, S.444-467, 1970

Katherine M. Flegal et al., Association of All-Cause Mortality With

Overweight and Obesity Using Standard Body Mass Index Categories, in: JAMA, Bd. 309(1), S. 71 f., 2013, doi:10.1001/jama.2012.113905

Richard Fuchs, Gross changes in reconstructions of historic land cover/use for Europe between 1900 and 2010, in: Global Change Biology, doi: 10.1111/gcb.12714, 2014

John Gaski et al., Detrimental effects of daylight-saving time on SAT scores, in: Journal of Neuroscience, Psychology, and Economics, Bd. 4, S. 44 f., Februar 2011, http://dx.doi.org/10.1037/a0020118

Gregor Kiesewetter et al., Modelling street level PM10 concentrations across Europe: source apportionment and possible futures, in: Atmospheric Chemistry and Physics, Bd. 15, S. 1539 f., doi:10.5194/acp-15-1539-2015, 2015.

Remco Kort et al., Shaping the oral microbiota through intimate kissing, in: Microbiome, 2:41, 2014

Jeremy Langrish et al., Air pollution and mortality in Europe, in: The Lancet, Bd. 383, S.758 f., 1. März 2014, doi: http://dx.doi.org/10.1016/S0140-6736(13)62570-2

Ruben Meerman et al., When somebody loses weight, where does the fat go, in: BMJ, Bd. 349, 16. Dezember 2014, doi: http://dx.doi.org/10.1136/bmj.g7257

Jörn Müller, Harald Lesch, Woher kommt das Wasser der Erde? – Urgaswolke oder Meteoriten. In: Chemie in unserer Zeit. Bd. 37, Nr. 4, S. 242 f., 2003

Charles T. O'Reilly et al., Resolving the World's largest tides, in J.A Percy, A.J. Evans, P.G. Wells, and S.J. Rolston (Hg.) 2005: The Changing Bay of Fundy – Beyond 400 years, Proceedings of the 6th Bay of Fundy Workshop, Cornwallis, Nova Scotia, 29 Sept.–2. Okt. 2004

Till Roenneberg et al., Aligning Work and Circadian Time in Shift Workers Improves Sleep and Reduces Circadian Disruption, in: Current Biology, online, 12. März 2015

Michale Tortorello: Speck by Speck, Dust piles up, in: New York Times, 9. Februar 2011

David Wagner et al., Lost sleep and cyberloafing: Evidence from the laboratory and a daylight saving time quasi-experiment, in: Journal of Applied Psychology, Bd. 97, S. 1068 f., September 2012, http://dx.doi.org/10.1037/a0027557

Lauren Walmsley et al., Colour as a signal for entraining the mammalian circadian clock, in: PLOSBiolog, doi:10.1371/journal.pbio.1002127, 17. April 2015

BILDNACHWEIS

HildenDesign, Veronika Wunderer: S. 8 unten, 10–11 ganze Seite (außer: Planet von Shutterstock/Aleks Melnik, Bakterien von Shutterstock/Palau, Baum von Shutterstock/Natalia Hubbert, Putzeimer von Shutterstock/chotwit piyapramote, Katze von Shutterstock/Redcollegiya), 17 oben, 20 unten, 34 unten, 37 unten, 42 unten, 54 oben, 56 oben, 76 oben, 93 oben, 123 unten, 131 unten, 133 oben, 142 oben, 144 mittig, 148 mittig, 156 unten, 158 mittig, 163 mittig, 166 unten, 168 oben

Shutterstock (modifiziert von HildenDesign, Veronika Wunderer): chotwit piyapramote S. 6 oben, 10–11, 29 unten, 34 unten; Natalia Hubbert S. 9 unten, 10–11, 153 oben; Reuki S. 45 unten; Daniel Barreto S. 47 oben; advent S. 49 oben; Aleks Melnik S. 62 oben; dicogm S. 68 oben; Yayayoyo S. 127 oben; Popmarleo S. 147 unten

Shutterstock: Oko Laa S. 6 unten, 7 unten, 58 oben, 91 unten, 98 unten; Redcollegiya S. 10–11, 15 unten; Palau S. 10–11, 27 oben, 39 oben, 40 verteilt; design36 S. 42 unten; Karin Hildebrand Lau S. 118–121 unten; Annykos S. 8 oben, 107 unten, 109 oben, 112 verteilt, 129 unten; Aleks Melnik S. 10–11, 82 unten; Nikiteev_Konstantin S. 145 oben; Cat_arch_angel S. 165 unten

REGISTER

Joseph Scheppach

Das geheime Bewusstsein der Pflanzen

Botschaften aus einer unbekannten Welt

Faszinierende Einblicke in die Welt der Pflanzen

Pflanzen haben mehr Sinne als wir Menschen. Sie haben Gefühle und empfinden Schmerzen. Sie können sehen, hören, riechen und haben ein Zeitempfinden. Immer mehr Forscher bescheinigen Pflanzen eine besondere Form der Intelligenz. Der Wissenschaftsjournalist Joseph Scheppach präsentiert sensationelle Erkenntnisse aus der Pflanzenwelt und erschließt uns ihr geheimes Leben.

»Joseph Scheppach
übersetzt die Sprache der Pflanzen.«
Frankfurter Allgemeine Zeitung

Arnold van de Laar

Schnitt!

Die ganze Geschichte der Chirurgie erzählt in 28 Operationen

Unterm Messer

Von den dunklen Anfangszeiten der Chirurgie, als noch ohne Betäubung amputiert wurde, über königliche Höfe, an denen mitunter delikate Operationen vorgenommen wurden, bis zum Luftröhrenschnitt des Jahrhunderts und den heutigen HightechOPs – der Chirurg Arnold van de Laar schreibt anhand von berühmten Fällen und Patienten eine packende Geschichte seines Fachs.

Unterhaltsam und gespickt mit zahlreichen interessanten Details erzählt er von den Erkrankungen und Verletzungen berühmter Persönlichkeiten wie Bob Marley, Kaiserin Sissi, Lenin, Königin Victoria, Einstein und Präsident Kennedy.

»Lehrreich, unterhaltend und hochspannend«
Spektrum der Wissenschaft

Yael Adler

Haut nah
Alles über unser größtes Organ

*Die Haut ist wie eine Leinwand,
die unser Leben sichtbar macht*

Die Haut beschäftigt uns täglich: Pflege, Alterung, Allergien, Anti-Aging, Sonne ... Sie ist knapp zwei Quadratmeter groß und schützt uns davor, zu überhitzen. Sie umhüllt alles, was wir in uns tragen, ist ein Kommunikationsmittel, hochsensibel. Keine Erregung, kein Sex – ohne unsere Haut.

In ihrem so aufschlussreichen wie unterhaltsamen Buch rückt die Dermatologin Yael Adler unserer Haut zu Leibe und erklärt alles, was man über sie wissen will. Sie scheut dabei auch nicht vor Pusteln, Falten, Fußkäse und anderen Tabus zurück. Anschaulich und mitreißend erzählt sie, warum Sex schön macht, Männer keine Cellulite bekommen, und warum in unserer Haut ganz schön viel Hirn steckt.